치킨 행성의 비밀

닭으로 보는 오늘의 지구

치킨 행성의 비밀

닭으로 보는 오늘의 지구

창비

차례

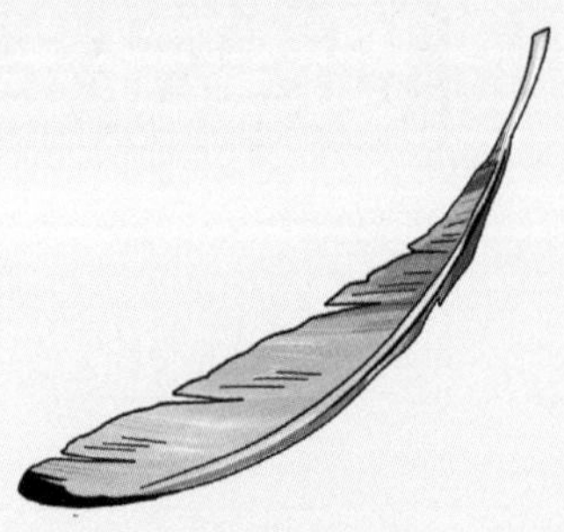

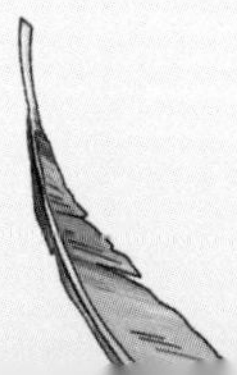

닭 뼈로 기억될 시대

20만 년 뒤의 지구.

인류는 멸종했고, 외계인들이 도착했습니다. 지구에 정착하기 위해 그들은 곳곳을 탐사하며 이 행성의 역사를 연구했습니다. 이날은 외계인 지질학자들이 학술 심포지엄을 열었습니다. 심포지엄은 전문가들이 모여서 발표도 하고 토론도 하는 자리예요. 주제는 '20만 년 전, 푸른 별 지구에는 무슨 일이 일어났는가?'였죠.

학자 A가 작은 뼈들을 보여 주며 말했습니다.

"이 새의 뼈를 보십시오. 이 종은 지구 전역에서 발견됩니다. 얼마 전에는 남극에서 냉동된 채로 발견되었죠. 특이한

점은 온전한 골격의 형태로 발견되는 경우가 드물다는 겁
니다.”

“새의 뼈가 여기저기 흩어져 있다는 건가요?”

학자 B가 물었습니다.

“네. 다리, 가슴, 날개……. 각각의 뼈가 따로 발견되고 있
습니다. 지구 전역에서 매우 흔하게 발견되는데도, 무슨 이
유에선지 한 몸에서 분리되어 있습니다. 특히 다리, 가슴, 날
개 뼈의 발견율이 매우 높습니다.”

학자 C가 끼어들었습니다.

“제 논문을 읽어 보셨습니까? 어떤 곳에서는 온전한 몸
형태를 갖춘 골격이 발견되기도 합니다. 머리, 가슴, 다리,
날개가 다 달린, 전형적인 새의 골격이죠. 그런데 이상한 점
이 있습니다. 그렇게 온전한 몸으로 발견되는 지점에서는
수만, 수십만 마리가 한꺼번에 발견된다는 겁니다.”

“누군가 고의로 한데 모아 놓고 대량 학살을 한 걸까요?”

학자 B의 물음에 사람들이 웅성거리자, 가장 나이 많은
학자 D가 서둘러 화제를 돌렸지요.

“지금으로부터 20만 년 전은 매우 특별한 지질 시대였습

니다. 당시 이 새가 행성을 지배했던 것만큼은 틀림없습니다. 그 누구도 천문학적인 개체 수를 이룬 이 동물의 위용에 맞서지 못했을 테니까요."

외계인 학자들은 모두 생각에 잠겼습니다.

수수께끼의 시대였습니다. 콘크리트, 플라스틱, 인공 방사성 물질 등 자연에 존재하지 않던 화학 물질들이 갑자기 대거 출현해 지구라는 별을 뒤덮었습니다. 도대체 이 새와 그 물질들은 어떤 연관이 있을까요? 그 시대 지구의 기록은 전자 형태로 남겨진 탓에 문명의 몰락과 함께 사라졌습니다.

노학자 D가 다시 입을 열었습니다.

"오늘은 여기까지 합시다. 언젠가 수수께끼가 풀리겠지요. 이 행성이 지닌 20만 년 전의 비밀을 풀어야 우리도 이 별에 안전하게 정착할 수 있을 겁니다."

몇 년 뒤, 먼 우주에서 소식이 들려왔습니다. 지구에서 약 18광년 떨어진 '글리제 445'라는 별 근처에서 떠도는 우주선이 발견됐다는 소식이었습니다. 우주선에는 아무 생명체도 타지 않았고 책만 한 권 있었습니다. 20만 년 전, 지구를 점령했던 그 새의 비밀이 담긴 책이었습니다.

닭에 얽힌 사람들

우리가 사는 나라는 '치킨민국'입니다. 눈을 떠서 잠들 때까지, 닭은 우리 일상 곳곳에 깊숙이 자리 잡고 있죠. 마치 공기처럼 자연스럽게, 물처럼 당연하게 말이에요.

이른 아침, 저는 출근 준비로 초등학교 3학년인 아들은 등교 준비로 바쁘죠. 그럴 땐 냉장고 문을 열고 계란 두세 알을 꺼내어 지글지글 소리를 내며 계란프라이를 만듭니다. 노른자가 터지지 않게 잽싸게 계란프라이를 뒤집으면, 프라이팬에서 '탁' 하고 하루가 시작하는 소리가 납니다.

직장에 가는 길, 커피를 사러 커피 전문점에 들르면 계란 샌드위치가 진열장에서 기다리고 있어요. '이것도 먹고 싶

     1장 닭에 얽힌 사람들

다.' 하는 생각이 스치지만, 아침에 먹은 계란프라이가 생각나 그만두기로 합니다.

한여름 더운 복날이었어요. 점심에 동료들과 함께 삼계탕집으로 향했지요. 삼계탕은 말 그대로 인삼(蔘)과 닭(鷄)을 넣어 만든 국물(湯)이에요. 거기에 찹쌀, 대추, 밤, 마늘, 황기 등 몸에 좋은 재료들을 한데 모아 푹푹 고아 완성한 여름철 보양식이죠.

삼계탕에는 조그마한 닭 한 마리가 통째로 들어가 있었어요. 어릴 적 기억과 비교하면, 삼계탕의 닭은 갈수록 작아져요. 예전에 비해 혼자 먹고 적게 먹는 사람이 많아져서 그런 것 같아요.

참고로 닭은 호수로 크기를 정하는데, 5호가 500그램이라면, 10호는 1킬로그램입니다. 마치 옷 사이즈 같지요. 삼계탕에는 5호에서 7호 사이의 영계가 들어가요. 영계는 병아리보다 조금 큰 어린 닭이에요. 우리가 즐겨 먹는 프라이드치킨은 7호에서 9호로 만들죠. 여러 명이 나눠 먹는 백숙이나 찜닭에는 10호 정도 되는 큰 닭을 쓰고요.

이열치열(以熱治熱), 땀을 뻘뻘 흘리며 삼계탕 한 그릇을

비우고, 시원한 물을 벌컥벌컥 들이켰습니다. 스마트폰을 켜니, 배달 앱 첫 화면에 '오늘의 할인 치킨' 알림이 번쩍 뜨는군요. 사실 저는 닭고기를 거의 안 먹어요. 1년에 한 번 먹는 삼계탕이 거의 유일한 행사죠. 그런데 이상하게도 치킨 광고는 하루도 빠짐없이 제게 찾아와요.

이날 오후에는 한 중학교에 가서 환경 강의를 했습니다. 살짝 호기심이 발동해 닭에 관해서 물어봤어요.

"여러분, 치킨 좋아하세요? '1인 1닭' 하는 친구 있으면 손 들어 볼래요?"

대여섯 명이 손을 번쩍 들더군요. 눈이 반짝반짝 빛나는 게, 치킨 이야기만 나와도 신나는 것 같았어요.

"어떤 치킨을 가장 좋아하나요?"

"BBQ 황금 올리브 치킨이요! 바삭바삭한 게 최고예요!"

"저는 단짠맛 뿌링클 치킨이 좋아요! 달콤한데 짭짤해서 손이 막 가요!"

"저는 파닭이 좋은데요. 파가 들어가서 매우면서도 개운해요."

"어? 파닭은 맵지 않고 달던데?"

1장 닭에 얽힌 사람들

아이들은 즐거워 까르르 웃었습니다. 치킨을 주제로 이렇게 다양한 의견이 나오다니!

우리나라만큼 다양한 치킨이 팔리는 나라도 없을 거예요. 고급 올리브유를 써서 깔끔한 맛을 내는 치킨, 마늘을 듬뿍 넣어서 개운한 맛을 주는 치킨, 청양고추의 매콤함과 칼칼한 맛이 담긴 치킨, 심지어 과자 '치토스' 가루를 입혀 짭짤하게 만든 치킨까지……. 한국에 자주 들르는 외국인들은 올 때마다 다른 치킨을 먹어 본다고 하더군요. "한국은 치킨의 나라야!" 하면서 엄지를 치켜세운대요.

그날 저녁에는 야구장에 갔어요. 아이들의 이야기를 듣고, 한번 사 먹고 싶었죠. 스타디움의 야간 조명이 환하게 켜지고, 선수들이 그라운드로 뛰어나왔어요. 타자가 빠른 공을 힘차게 받아 쳤어요. 공은 멀리멀리 날아가고, "홈런!" 하고 외치는 관중들로 경기장이 들썩였어요. 저는 닭 다리를 든 채로 만세를 불렀고요. 저 말고도 치킨을 들고 손뼉 치고 노래하는 사람들이 가득했어요. 치킨과 야구, 이 둘은 언제부터 이렇게 찰떡궁합이 되었을까요?

집으로 오는 길, 빨간 헬멧을 쓰고 오토바이를 타고 가는

배달 기사들이 눈에 띄었어요. 배달 기사들은 어떤 음식을 싣고 갈까요? 아마도 세 명 중 한 명의 보온 가방에는 치킨이 들었을 거예요. 정확한 통계는 없지만, 한 핀테크 기업이 추정, 분석한 결과 2024년 상반기 전국 외식업 배달 서비스 품목의 45퍼센트가 치킨과 닭강정이었거든요.[1]

오랜만에 서늘한 바람이 불었어요. 배달 기사들은 작은 행복을 배달하는 것 같았죠. 축구 국가대표 팀의 경기가 있는 날, 배달 오토바이는 밤늦도록 시동이 꺼지지 않아요. 골을 넣을 때마다 치킨 주문이 폭증하거든요. 수능이 끝난 교실, 친구들과의 졸업 파티, 크리스마스나 어린이날에 치킨 상자를 받아 든 우리는 작은 행복을 느껴요.

치킨은 단순한 음식을 넘어, 우리의 추억과 감정을 함께하는 동반자가 되었어요. 힘든 하루를 보낸 나를 위로하는 '소소하지만 확실한 행복'이자, 친구들과의 즐거운 시간을

1장 닭에 얽힌 사람들

완성하는 매개체이며, 온 가족이 둘러앉는 식탁의 중심이 됐죠. 따뜻한 치킨 상자 안에는 단순히 닭고기만 들어 있는 게 아니라, 우리의 감정과 추억도 함께 담긴 셈이죠.

닭에 죽고 닭에 살고

한국 사람은 평균적으로 1년에 닭 26마리를 먹어요. 2023년 국내에서 도축된 닭 10억 1137만 마리와 해외에서 수입한 닭고기를 합쳐서 계산한 결과죠. 뼈를 제외한 순 닭고기로 계산해 보면, 한 명당 15.7킬로그램을 먹은 건데요, 상당히 많은 양이죠.[2]

1970년만 해도 1.4킬로그램에 불과했던 일인당 닭고기 소비량은 2003년 7.8킬로그램으로 5배 넘게 뛰었고, 다시 20년 만에 2배가 됐어요. 마치 로켓이 하늘로 솟구치듯 빠르게 증가한 거죠.

그사이 달걀 또한 매일 식탁에 오르는 필수 식재료가 되었어요. 2022년 기준으로 한국인은 1년 동안 평균 278개의 계란을 먹어요. 하루 평균 0.76개꼴로, 하루에 거의 1개씩 먹

는 셈이네요. 달걀 소비량은 1970년대에 견줘 약 3배 이상 늘었습니다. 할아버지 할머니 세대에보다 우리는 계란을 훨씬 많이 먹고 있는 거예요.

치킨은 모두가 즐겨 먹는 음식이지만, 누군가에게는 생활의 수단이에요. 공장에서 소스를 개발하는 연구원, 동네에 치킨집을 창업한 사장님, 치킨을 오토바이에 싣고 다니는 배달 기사, 양계 농장을 운영하는 농민과 거기서 일하는 이주 노동자⋯⋯. 모두 치킨으로 먹고살아 가는 사람들이죠.

치킨집이 이렇게 많아진 것은 단지 우리를 사로잡은 맛 때문만은 아니에요. 여기에는 1997년 말 외환 위기를 겪으며 IMF(국제통화기금)에 도움을 요청했던 아픈 과거가 숨어 있습니다. 경제 위기로 많은 직장인이 명예퇴직이나 정리해고를 당했어요. 하루아침에 직장을 잃은 사람들이 거리로 쏟아져 나왔어요.

갑작스러운 실직 이후, 특별한 기술이나 노하우 없이도 비교적 쉽게 시작할 수 있는 게 외식업 창업이었죠. 그중에서도 치킨집이 가장 인기 있는 선택지였고요. 왜일까요? 치킨집은 배달 매출 비중이 높아서, 사람이 붐비는 번화가에

   1장 닭에 얽힌 사람들

가게를 낼 필요가 없었거든요. 주택가 골목 어디든 작은 가게면 충분했죠. 손님이 머물지 않으니 가게 규모도 클 필요가 없어 임대료 부담도 적었고요.

이 무렵 수많은 치킨 프랜차이즈가 생기고 치킨 업계가 커지게 됩니다. 지금도 사람들이 즐겨 먹는 BBQ 치킨은 당시 쏟아져 나오는 창업자들을 받으며 점포를 확장했어요. 1995년 경기 연천군 전곡읍에 1호점을 연 BBQ 치킨은 단 4년 만에 서울 마포구 염리동에 1000호점을 냈죠.[3] IMF 직후인 1999년 1월에서 3월까지 147건의 신규 가맹 계약을 체결할 정도로 빠른 속도였어요.[4] 하루에 한 집꼴로 치킨집이 문을 연 거예요. 치킨집이 빗발치듯 생겨날 때였죠.

그때까지만 해도 KFC나 파파이스 같은 외국 브랜드는

시내 중심가에서 대형 점포를 열고 치킨을 팔았어요. 이에 맞서 국내 토종 치킨 브랜드는 소형 점포로 주택가 골목골목을 파고들었어요. 이들은 주로 배달로 매출을 올렸고, 본사에서는 한국 사람들 입맛에 꼭 맞는 소스 개발에도 뛰어들었죠.

페리카나, 처갓집양념치킨, 호식이두마리치킨, BBQ, BHC, 교촌치킨, 굽네치킨, 네네치킨, 푸라닭, 깐부치킨, 노랑통닭, 가마치통닭, 자담치킨……. 2019년에 발표된 한 조사 보고서는 한국에 409개의 치킨 브랜드가 있다고 했습니다.[5]

새로운 맛이 나오면 먹어 보고, 또 새로운 맛이 나오면, 또 먹어 보고……. IMF라는 아픈 상처가 역설적으로 한국에 '치킨 경제'라는 숲으로 자라났지요. 누군가에게는 위험한 절벽에서 몸을 받쳐 주는 안전망이 되었고, 누군가에게는 창업 실패라는 또 다른 절망을 안겨 준 쓴 약이었죠. 성공과 실패, 환호와 절망을 딛고 한국의 치킨은 'K-치킨'이라는 이름으로 세계에서 사랑받는 음식으로 우뚝 섰습니다.

    1장 닭에 얽힌 사람들

하지만 치킨의 화려한 성공 스토리에서 우리가 빠뜨린 게 있어요. 바로 이야기의 중심에 있는 닭이죠. 대체 이 많은 치킨은 어디에서 왔을까요?

한국에서는 매년 닭 10억 마리가 죽어요. 지구 전체로는 700억 마리가 죽죠. 이는 현재 지구에 사는 사람 수에 모든 소, 돼지, 개, 고양이의 수를 더한 것보다 훨씬 많은 수예요. 상상할 수 없을 정도로 많은 닭들이 우리를 위해 생명을 내어 주고 있는 거죠.

닭은 항상 우리 옆에 있지만, 눈에 보이지 않아요. 마치 투명 인간처럼 말이죠. 닭에 기대어 살지만, 우리는 그들을 몰라요. 어떤 환경에서 사는지, 고향이 어디인지, 행복한지 불행한지, 그리고 우리에게 어떤 위험을 불러올지 생각해 본 적이 없었죠.

매일 우리 식탁에 오르는 계란 속에는 어떤 이야기가 담겨 있을까요? 바삭한 치킨 껍질 뒤에는 어떤 진실이 숨어 있을까요? 우리가 "맛있다!"라고 외치는 그 순간, 닭들은 무

엇을 느끼고 있을까요?

이제 닭을 마주할 때가 되었습니다. 보이지 않았던 주인공을 찾아, 우리가 몰랐던 진실을 찾아 떠날 때입니다. 따뜻한 치킨 상자 너머로, 차가운 양계장 철망 너머로, 수천 년 역사 너머로, 닭들이 들려주는 놀라운 이야기로 함께 들어가 봅시다. 그곳에서 우리는 인류와 닭이 함께 지나온 시간들을 만나게 될 거예요.

2장

야생 닭이
마을로 간 까닭은?

약 3600년 전, 태국 중부의 반논왓. 아열대숲을 끼고 도는 강 주변에 사람들이 살고 있었습니다. 마을을 이뤄 숲에서 사냥하고 강에서 낚시하거나 조개를 줍기도 했죠. 얼마 전까지만 해도 수렵 채집인이었던 이 부족은 농사도 시작했어요. 화전을 일군 뒤 몇 해씩 땅을 묵혀 두면, 그사이 자란 벼와 기장 등 곡물의 열매에서 낟알이 떨어졌죠.

그 무렵 숲에서 새 몇 마리가 낟알을 주워 먹으러 나오기 시작했습니다. 빨간색과 검은색, 청록색 깃털이 예쁘게 섞인 '붉은들닭'이었어요. '적색야계(赤色野鷄)'라고도 불리는 이 닭은 날지 못했어요. 곤충이나 애벌레를 잡아먹으며 숲

붉은들닭은 가축화되어 전 세계로 퍼졌다.

을 걸어 다녔죠. 그런데 인간이 농사를 짓기 시작하자, 숲에서 나오기만 하면 비교적 힘을 들이지 않고 먹을거리를 구할 수 있었던 거예요. 어떤 때에는 인간들이 버려 둔 음식물 찌꺼기를 먹기도 했고요.

점차 새들은 사람의 발소리와 저녁마다 번지는 매캐한 연기 냄새를 두려워하지 않게 되었어요. 일부 새들이 마을 안으로 들어가 후미진 곳에서 잠을 청했죠. 사람들도 새를 내쫓지 않았어요. 아주 가끔이지만 새들이 낳은 알은 괜찮은

한 끼가 됐고, 부화된 알에서 나온 병아리를 아이들이 귀여워했으니까요.

이 마을 사람들은 대부분 시간 농사를 짓는 신석기 부족으로 바뀌어 갔어요. 마른 땅에 씨앗을 뿌려 쌀과 기장 등의 곡물을 걸어 먹었죠. 낟알은 닭에게도 풍성한 먹이였습니다. 마을에 들어간 붉은들닭은 숲에서 사냥을 하는 것보다 한층 안정적으로 먹이를 찾을 수 있었죠. 닭은 숲으로 돌아가지 않았습니다. 가축이 되어 사람과 함께 살기 시작했죠.

닭의 역사에서 가장 중요한 그 순간이 바로 태국의 궁벽한 농촌에서 일어났다고 지목한 이들은 2022년 독일의 루트비히맥시밀리안대학교의 요리스 피터스(Joris Peters) 교수와 영국 옥스퍼드대학교의 생물고고학자인 그레거 라슨(Greger Larson)이었어요.

그때까지만 해도 언제, 어떻게, 왜 닭이 가축이 되었는지는 논란이 분분한 상황이었죠. 2020년에는 중국의 과학자들이 중국 남부에서 발견된 유골이 '가장 오래된 닭 뼈'라고 주장했다가 나중에 '꿩 뼈'인 것으로 드러나 망신살을 뻗쳤고요.

피터스와 라슨 등 연구 팀은 89개국 600개 유적지에서 발견된 닭 뼈와 이와 관련한 기록과 증거를 확인했어요.[6] 그리고 그것들이 실제 닭 뼈인지 또한 야생 닭의 뼈인지 아니면 가축 닭의 뼈인지 하나씩 검토했죠. 어떤 뼈는 꿩의 것으로 판명됐고, 어떤 뼈는 분명치 않았고, 어떤 뼈는 기후를 봐선 붉은들닭이 살 만하지 않은 곳에서 발견된 것으로 드러났죠. 이렇게 하나씩 아닌 것을 제외하니, 최종적으로는 반논왓의 신석기 유적지에서 출토된 닭 뼈가 가장 오래된 것이었습니다.

반논왓의 닭 뼈는 기원전 1650~1250년 무렵에 매장된 것으로 보였어요. 가장 오래됐다고 해도 3670년밖에 되지 않았죠. 놀라운 결과였어요. 왜냐하면 그때까지만 해도 그보다 훨씬 오래전, 그러니까 농사를 본격적으로 시작하기 전에 닭이 가축이 된 걸로 생각했거든요. 하지만 닭의 가축화는 생각보다 오래전 일이 아니었던 거예요.

반논왓에서 출토된 새 뼈의 95퍼센트가 닭 뼈였어요. 돼지 뼈와 개 뼈도 발견된 점을 고려할 때, 마을 사람들은 이미 가축을 길들일 줄 알았죠. 숲과 강이 맞닿은 지형의 특성

상 야생 조류를 쉽게 이용할 수 있는 환경이었을 테고요. 건너편 숲에 살던 야생 닭이 마을로 건너와 가축이 된 게 틀림없었어요.

특히, 닭 뼈들을 이어 붙여 보니 어린 닭의 형체가 되었어요. 몸집이 큰 성체 닭보다 몸집이 작은 어린 닭들이 유난히 많았죠. 이것은 무엇을 의미할까요? 만약 야생 닭이었다면, 어린 닭의 뼈가 많을 리는 없겠죠. 야생에서는 어린 동물의 뼈가 잘 발견되지 않거든요. 인간처럼 사체를 땅에 묻지 않기 때문에 죽은 새끼는 포식자에게 먹히거나 자연에서 흩어지고 썩어요. 그러니까, 닭이 마을에서 나고 자랐다는 이야기입니다. 가축 닭이라는 뜻이죠.

3000년 만에 지구를 점령하다

닭은 세계 여기저기서 가축이 된 게 아니에요. 앞에서 살펴본 것처럼 숲에 살던 붉은들닭이 태국 중부, 미얀마, 중국 남동부에서 가축이 되어 세계로 퍼져 나갔을 가능성이 더 커요. 전자가 '다수 지역 기원설'이라면 후자는 '단일 지역

   2장 야생 닭이 마을로 간 까닭은?

기원설'이에요. 단일 지역 기원설에 따르면, 아시아와 지중해에 닭이 있었을 때, 남아프리카에는 닭이 없었어요.

닭은 쌀과 기장을 재배하는 태국과 미얀마, 중국, 인도에서 많아졌습니다. 어떤 사람들은 화려한 깃털을 가진 수탉을 애지중지 보살피며 애완용으로 키웠어요. 암탉은 가끔씩 계란을 낳았으니 나쁠 것도 없었죠. 그리고 일부 사람들은 수탉끼리 서로 싸움을 붙여 놓았어요. 이렇게 닭은 마을에 자리 잡고 인간과 함께 살기 시작했어요. 반논왓처럼 다른 마을도 닭을 받아들였어요. 가축이 된 닭은 사람 편에 다른 마을로 옮겨져 전파됐습니다.

달걀이라는 훌륭한 단백질을 공급하던 닭은 자신의 고향과 다른 기후, 다른 농경 문화에서도 살게 돼요. 가축 닭은 기원전 700년 무렵 에티오피아와 지중해 유럽에 다다랐어요. 2400년 전에는 서유럽, 1900년 전에는 발트해 연안의 북유럽에 도착하죠. 동쪽으로는 3000년 전에 중국 중북부에, 1700년 전에는 일본에 도착하죠. 반면, 호주와 뉴질랜드 원주민은 닭을 기르지 않았어요. 닭은 불과 150년 전에 유럽인들과 함께 상륙합니다.

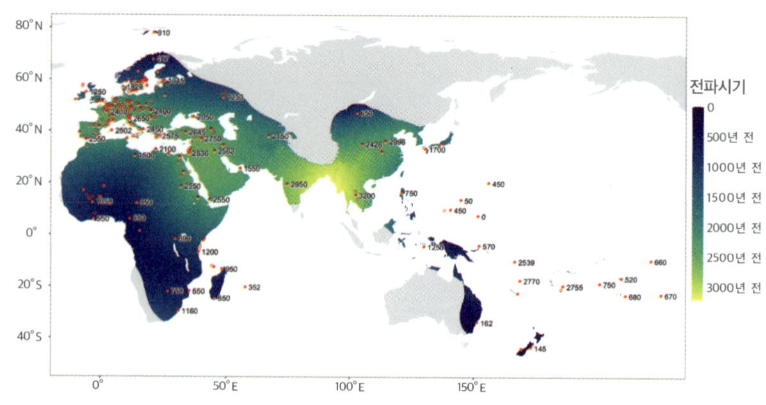

세계 여러 지역에 가축 닭이 전파된 시기를 색깔로 나타냈다. 노란색에서 보라색으로 어두워질수록 최근에 전파된 것이다.(2022년 기준)

지도를 보면, 어떤 지역은 닭이 빨리 전파됐고 어떤 곳은 늦게 전파됐습니다. 가축 닭의 조상인 붉은들닭의 생태에 맞는 아열대 기후(동남아시아, 인도, 메소포타미아, 지중해)나 온난한 기후(중국 북부, 유럽)로는 닭이 빨리 전파됐습니다. 반면에 바다나 사막 같은 지리적 장벽이 있는 곳과 추운 기후에서는 닭의 전파가 지연된 사실을 확인할 수 있어요. 마른 땅에 곡물을 심는 천수답이 아니라 습지를 이용한 관개형 농업이 중심인 지역에서도 닭의 전파는 느렸어요. 닭은 농경지의 낟알을 주워 먹고 살았으니까요.

　　　2장 야생 닭이 마을로 간 까닭은?

멸종 위기? 유전자 섞임!

닭처럼 성공한 종은 없습니다. 온 세계로 퍼져 나가 그린란드는 물론 남극에도 (적어도 고기로서는) 존재하니까요.

그럼, 현대 닭의 조상인 야생의 붉은들닭은 어떻게 되었을까요? 가축이 된 닭과 달리 멸종의 절벽으로 밀려나고 있을까요? 음, 그렇기도 하고, 그렇지 않기도 합니다.

우선 붉은들닭은 살아 있습니다. 그것도 꽤 많이요! 파키스탄, 인도, 네팔, 그리고 인도차이나반도를 거쳐 중국까지 아시아 넓은 지역에서 삽니다. 이들은 깊은 숲에서 살지 않습니다. 사람과 함께 살려고 나온 3600년 전처럼, 대나무 숲이나 농경지 주변의 숲가, 경작지의 변두리를 선호하죠. 수컷을 중심으로 한 무리는 낮에는 땅에서 곡물이나 곤충을 찾아다니고, 밤에는 나무에 올라 잠을 잡니다. 야생 붉은들닭의 생김새는 집닭과 크게 다르지 않습니다. 동남아시아에 숲이 있고 그 옆에 마을이 있는데, 닭이 지나가고 있다면 그 닭이 야생 닭인지 집닭인지 구별하기 어렵습니다.

물론 야생 붉은들닭의 개체 수는 가축 닭보다 턱없이 적

습니다. 현대 닭보다 많은 동물이 도대체 무엇이란 말입니까? 하지만, 야생 집단이 나름대로 견고하게 유지되고 있어요. 개체 수로 보자면 멸종 위기는 아닙니다. 세계자연보전연맹(IUCN)은 적색 목록(Red List)에서 붉은들닭의 멸종 위기 등급을 관심 필요종(LC, Least Concern)으로 규정하고 있습니다. 위급(CR), 위기(EN), 취약(VU), 준위협(NT)보다 멸종 위험이 덜한 단계죠.

하지만 붉은들닭은 '유전적으로는' 멸종 위기에 처했습니다! 이게 무슨 말일까요? 20세기 들어서 숲이 개발되고 마을과 접촉하는 면적이 넓어졌습니다. 붉은들닭의 서식지도 숲과 함께 노출되었습니다. 동시에 마을과 농경지로 먹이를 주우러 가는 날도 많아졌고요. 그러면서 야생 닭은 집닭과 친구가 되기도 하고 집닭과 번식을 하기도 했습니다. 그 결과, 집닭의 유전자가 야생 닭으로 들어갔습니다.

2022년 싱가포르대학교 연구 팀은 현대의 집닭 51마리와 야생 닭 65마리의 유전자를 분석해 비교했습니다. 65마리 중 11마리는 현대의 붉은들닭에서, 나머지 54마리는 100여 년 전 야생 닭의 깃털 등에서 유전자를 추출했고요.

　　　　　2장 야생 닭이 마을로 간 까닭은?

결과는 놀라웠습니다. 현대의 야생 닭에 가축 유전자가 20~50퍼센트 이입된 것으로 나타났습니다. 싱가포르의 야생 닭에서는 5퍼센트 미만이었지만, 태국·미얀마·인도·중국 남서부의 야생 닭에서 가축 유전자의 이입 비율은 80퍼센트에 이르렀습니다. 100여 년 전의 표본에 비해 이입 비율은 훨씬 높아졌고요.[7]

붉은들닭의 야생 유전자가 급격히 소실되고 있다는 얘기였습니다. 야생 동물과 가축의 구분이 유전적으로 흐려진 거고요. 불과 한 세기 만에 인간 활동이 야생 집단을 '반가축화' 단계로 끌어들인 거예요. 유전적으로 보면, 붉은들닭은 사실상 멸종 단계에 들어서기 시작했습니다. 이 연구에 참여한 멩 유에 우(Meng Yue Wu)는 『스미소니언 매거진』과의 인터뷰에서 이렇게 말했습니다.[8]

"개인적으로는 우리가 '야생 붉은들닭이 살고 있다.'라고 콕 집어 말할 만한 서식지를 꼽기 힘들다고 생각해요. 수천 년 동안 우리 인간이 집닭과 함께 온 지구를 누볐으니까요. 그저 유전자 데이터를 보고 가장 야생적이라고 말할 수 있는 개체를 고를 수밖에 없는 거죠."

3장

공룡들의
배틀 로열

　1996년 중국 랴오닝성의 한 농부가 공룡으로 보이는 화석을 발견했습니다. 여느 공룡 화석이 그렇듯 도마뱀처럼 생겼는데, 한 가지 다른 점이 있었습니다. 온몸이 깃털처럼 보이는 것으로 덮여 있었거든요.

　'중국에서 발견된 용의 날개'라는 뜻의 '중화용조', 시노사우롭테릭스(Sinosauropteryx) 공룡 화석은 새의 진화에 관한 생각을 바꾸었습니다. 꽤 오랫동안 '시조새'라고 생각했던 새의 조상이 공룡으로 밝혀진 순간이었습니다.

　닭을 포함한 현대의 조류는 공룡, 특히 수각류(Theropod) 공룡의 직접적인 후손입니다. 두 발로 걷는 수각류 공룡은

중국에서 최초로 발견된 깃털 달린 공룡 시노사우롭테릭스의 화석.

나머지 짧은 두 발에 갈고리 발톱을 가졌습니다. 발톱으로 먹잇감을 잡아 날카로운 이빨로 뜯어 먹었죠. 우리에게 친숙한 티라노사우루스가 대표적인 수각류 공룡입니다.

세월이 흐르고 일부 수각류 공룡에 깃털이 생겼습니다. 애초에 깃털은 비행을 위해 진화한 게 아니었어요. 공룡들은 깃털로 체온을 조절하고, 알을 품고, 때로는 멋진 모습으로 암컷을 유인했죠. 이 공룡들은 점차 날기에 적합한 신체로 진화했어요. 텅 빈 뼈를 갖게 됐고, 몸집도 작아져 날기에 가벼워졌습니다. 1억 5000만 년 전, 깃털과 날개를 지닌

수각류 공룡 아르카이옵테릭스
(Archaeopteryx)는 800그램에 지나지 않았어요.

공룡 한 마리 드셨습니다

6600만 년 전, 소행성이 지금의 멕시코 유카탄반도에 떨어졌습니다. 화산이 폭발하고 잿더미가 하늘을 감쌌습니다. 식물이 죽고 먹을 게 없어졌습니다. 우리가 생각하는 대부분의 공룡은 물론 대다수의 생물종이 이때 멸종했습니다. 하지만 멸종하지 않은 공룡이 있었습니다. 바로 조류였죠. 이들은 작은 체형으로 나무 위에서 생활했고, 빠른 진화로 새로운 환경에 적응했거든요. 대멸종이 휩쓸고 간 생태적 틈새 사이에서 깃털 달린 작은 공룡들은 번성했고 1만 종이 넘는 조류로 분화했습니다.

새는 오늘날까지 살아 있는 공룡입니다. '공룡=파충류'라는 공식은 깨졌어요. 공룡에는 파충류도 있고 조류도 있죠. 여러분이 '프라이드치킨 배달이요.' 하고 스마트폰에서

3장 공룡들의 배틀 로열

배달 버튼을 눌렀다면, 조금 뒤 공룡 한 마리가 상자에 담겨서 나타날 거예요.

닭은 닭목 꿩과(Phasianidae)의 한 종입니다. 꿩과에는 꿩, 칠면조, 공작, 메추라기, 자고새 그리고 닭이 속해 있어요. 공작을 제외하곤 아주 오래전부터 사람이 사냥해 고기로 먹거나 가축으로 길들여 알을 이용했던 새들이에요. 꿩, 공작, 닭은 화려한 깃털을 가졌다는 공통점도 있죠.

꿩 대신 닭이라는 말처럼, 가장 잘 알려진 닭의 친척은 꿩이죠. 꿩과 닭은 원래 같은 새였다가, 약 710만~960만 년 전에 각자의 길을 갑니다. 서로 다른 종이 된 거예요. 그리고 두 새 모두 구석기인들이 사냥한 새라는 공통점이 있지요. 다른 점은 붉은들닭은 가축이 된 반면 꿩은 끝내 가축이 되지 않은 겁니다.

왜 인간은 '붉은들닭'을 가축으로 삼았을까요? 닭에서 얻을 수 있는 고기와 달걀 때문이었을까요? 조금만 생각해 보면, 그게 아니라는 사실을 알 수 있습니다. 붉은들닭이 1년에 달걀을 몇 개나 낳았는지 알면 어림도 없는 이야기거든요.

   3장 공룡들의 배틀 로열

현대 공장식 축산의 양계장 닭은 1년에 평균 300개 정도의 달걀을 낳아요. 거의 매일 1개씩 낳는 셈이죠. 공장식 축산이 출현하기 전에 마당 닭은 1년에 90개를 낳았고요. 음, 일주일에 2개꼴이군요. 그렇다면, 야생에 사는 붉은들닭은 달걀을 얼마나 낳았을까요? 1년 동안 불과 10개 이상을 낳지 못했습니다.[9] 당연합니다. 그 어떤 새도 1년에 수백 개씩 알을 낳지는 못해요. 양계장 닭의 알 낳는 능력은 품종 교배와 사육 환경 조정을 통해 '인위적으로' 만든 것이지요.

시대별 닭	달걀 생산량
야생 닭	1년에 약 10개
마당 닭	1년에 약 90개(일주일에 2개꼴)
공장식 축산 닭	1년에 약 300개(하루에 1개꼴)

신석기 부족은 1년에 고작 10개의 달걀을 얻으려고, 닭을 마을에 받아들이지는 않았을 겁니다. 고기를 얻기 위해서도 아니었을 거예요. 1년에 고작 10개의 달걀을 낳아선 닭의 개

체 수가 불지 않을 것이기 때문에 고기를 많이 얻지 못할 테니까요. 달걀이나 고기 등 식용의 비중이 높아지려면 많은 개체 수가 확보되어야 하거든요.

사실 인류가 고기를 얻기 위해 가축을 기른 것은 한 세기도 채 되지 않은 일입니다. 소는 농사에 쓸 노동자로, 양은 털을 얻기 위해, 개는 집과 양 떼를 지키기 위해서 길렀거든요.

닭도 최초에 마을에 들어와 살기 시작했을 때는 고기는 물론 달걀을 위해 길러지지 않았을 거라고 학자들은 봅니다. 닭 뼈가 발견된 세계 곳곳의 유적지를 살펴보면, 전반적으로 꿩 뼈가 닭 뼈보다 더 많이 발견됩니다.[10] 고고학자들은 뼈가 많이 나오는 동물이 인간이 자주 잡아먹은 동물이라고 추정해요.

숲에 살던 닭이 먹을거리를 찾아 마을로 들어왔습니다. 부족의 지도자들은 화려한 깃털을 가진 닭을 기르며 자신을 과시했을 거예요. 닭은 죽고 나서도 여러모로 쓰임새가 좋았죠. 닭 뼈는 바느질하는 데 쓰였고, 아이들의 장난감으로도 쓸모가 있었습니다. 닭 뼈를 이용해 점을 치기도 했죠.

　　　　　　　　　　　　　　3장 공룡들의 배틀 로열

화려한 깃털은 옷과 집을 장식하는 데 썼고요.

찢겨진 비단이여

이 모든 쓰임새를 능가하는 게 있었으니, 바로 '투계(鬪鷄)'라고도 불리는 닭싸움입니다. 수탉 2마리를 싸움 붙여 노는 것이에요.

태국에서 최초로 가축이 된 닭은 서쪽으로는 인도를 거쳐 유럽으로, 동쪽으로는 중국을 거쳐 한국, 일본으로 건너갔습니다. 닭이 퍼지는 곳이면, 닭싸움이 행해졌어요. 수탉은 때로는 무서울 정도로 사납고 살벌한 성격이거든요. 그래서 '닭을 가축화한 최초의 목적은 닭싸움'이라고 보는 학자도 많습니다. 곡식의 낟알을 찾아 마을 주변을 거닐던 닭을 보면서, 닭싸움이라는 오락을 생각해 냈을 테고, 닭싸움 끝에 죽은 사체의 고기와 뼈를 음식과 도구로 이용했다고 추정하는 겁니다. 고대 인도와 중국, 페르시아와 그리스, 로마까지 닭이 전래된 곳마다 닭싸움이 성행하지 않은 곳이 없습니다.

기원전 6세기 중국 노나라 때는 닭싸움이 사람들 간의 전쟁으로 커졌습니다. 소공을 허수아비 제후로 앉히고 계평자가 실권을 휘두르던 시절이었죠. 계평자는 후소백과 닭싸움을 즐겨 했는데, 닭싸움에 진심인 나머지 편법도 마다하지 않았어요. 계평자는 닭의 날개에 겨자 가루를 뿌린 뒤 싸움을 붙였고, 후소백은 발톱에 쇠갈고리를 끼워 닭을 내보냈어요. 계평자와 다툰 후소백은 씩씩거리며 소공에게 달려갔습니다. "나라가 계평자의 손에 들어갔습니다."라며 하소연했지요. 이에 소공은 군사를 일으켜 계평자를 공격했고 전쟁으로 번졌어요. 하지만 막강한 군사를 가진 계평자는 후소백을 잡아 가두고 소공의 군사를 공격했습니다. 결국, 소공은 패배하여 망명했지요.

영국만큼 닭싸움을 좋아했던 나라도 없습니다. 최후의 승자만이 살아남는 경기를 뜻하는 '배틀 로열(Battle Royal)'이라는 말도 여기서 왔어요. 배틀 로열은 3~10마리의 수탉을 한꺼번에 풀어 마지막 한 마리가 살아남을 때까지 싸우게 하는 경기입니다. 헨리 8세는 런던 화이트홀 궁전에 왕실 투계장을 건설했습니다. 영국 전역에 투계장을 가진 마을이

　3장 공룡들의 배틀 로열

1700년대 영국의 닭싸움 모습을 담은 그림.

많았고 사람들은 투계용 수탉을 사육했습니다.

지금은 비행기 조종석을 뜻하는 콕핏(Cockpit)은 피비린내 나는 닭싸움장을 뜻했죠. 영국과 프랑스의 백년전쟁을 배경으로 한 셰익스피어의 희곡『헨리 5세』에는 다음과 같은 대사가 나옵니다.

"이 닭싸움 구덩이(Cockpit)는 광활한 프랑스 들판을 품을 수 있는가?"

콕핏은 구덩이 형식의 닭싸움장이자 원형 극장의 무대를 의미했어요. 잔혹한 전쟁 이야기를 예고하는 한편 백년전쟁이라는 역사적 사건을 담아내기에 극장의 무대가 작다는 뜻으로 이해할 수도 있죠. 닭싸움장은 단 하나의 승자만 살아 빠져나오는 지옥의 구덩이였습니다. 그래서 어느 한쪽도 양보 없이 극단적으로 부딪치는 게임을 '치킨 게임'이라고 하죠.

한국에서도 닭싸움은 오래전부터 민간 놀이로 내려왔습니다. 아마도 중국에서 닭이 전래한 뒤부터였을 겁니다. 고려 무신 집권기에 『동국이상국집(東國李相國集)』을 쓴 문인 이규보의 감상입니다.[11]

일찍이 들었거니와 옛사람들은	嘗聞古之人
좋아하는 것이 제각기 있었네	所嗜各有適
그림을 좋아하여 탐닉하며 감상하고	嗜畫或貪翫
돌을 좋아하여 치우치게 아끼기도 하네	嗜石或偏惜
어떤 이는 말 감상하길 좋아하여	或嗜於賞馬
붉은색과 검은색을 가리기를 즐기고	喜品騂驪色

     3장 공룡들의 배틀 로열

또 어떤 이는 닭싸움 놀이 좋아하여　　　　　　或嗜鬪鷄戲

비단 가슴 찢기는 것을 구경한다네　　　　　　看碎錦繡臆

비단처럼 화려한 닭의 가슴이 찢기는 것을 재미로 구경하는 잔혹한 놀이는 현대에서 큰돈을 거는 도박 산업으로 성장했습니다. 현재 유럽과 미국 등 서구 국가는 닭싸움을 동물 학대로 간주하여 금지하고 있습니다. 반면, 필리핀과 일부 카리브해 국가들은 법적으로 허용합니다.

필리핀에서는 닭싸움을 '사봉(Sabong)'이라고 부릅니다. 필리핀에서 사봉은 한 해 수십억 달러를 벌어들이는 산업입니다. 수도인 마닐라를 비롯해 지방의 중소 도시는 물론 시골의 작은 마을에서도 사봉이 열립니다. 매년 봄, 가을 열리는 '월드 슬래셔 컵(World Slasher Cup)'은 최고의 수탉 전사를 뽑는 세계 최대의 닭싸움 대회입니다.

월드 슬래셔 컵에는 전국에서 가장 잘 싸우는 수탉이 참여합니다. 길이 5.7센티미터의 날카로운 칼이 수탉의 며느리발톱에 부착됩니다. 본 경기는 10분 동안 진행됩니다. 승부가 나지 않을 때는 2분의 연장전이 주어지고요. 수탉은 죽

필리핀에서 닭싸움은 여전히 인기를 누리고 있다.

기 아니면 살기로 처절한 싸움을 벌입니다. 싸움 의지가 없으면, 패배로 간주합니다. 패배는 곧 죽음입니다. 경기 과정에서 치명상을 입어 죽기 마련이지만, 수의사에게 인도되어 안락사되기도 합니다. 사봉 경기장에서 살아서 나가는 닭은 승자뿐입니다. 토너먼트를 거쳐 월드 슬래셔 컵에서 우승한 수탉의 소유자에게는 수억 원대의 상금을 줍니다.

닭싸움은 예로부터 남성의 전유물이었습니다. 수탉의 호전적 성향, 화려한 깃털, 눈에 띄는 외모는 그 자체로 남성들의 마음을 사로잡았습니다. 닭싸움은 단순한 동물 게임이

     3장 공룡들의 배틀 로열

아니라 '남성다움'의 이상을 연습하고 과시하는 무대로 기능했죠.

야생 닭은 10여 마리가 소규모 무리를 짓는데, 한 마리의 지배 수탉이 여러 암탉과 새끼를 거느리는 하렘형 구조입니다. 하렘 내에는 서열이 낮은 수탉도 존재하는데, 지배 수탉과 대결해 서열 상승을 노립니다. 무리 내부에서는 부리로 쪼기, 추격하기, 날갯짓하기 등으로 위협하면서 엄격한 위계 서열을 유지합니다. 지배 수탉은 먹이, 물, 휴식, 짝짓기 기회를 우선적으로 확보하고요. 문화인류학자들은 이러한 닭의 생태와 연결 지어 역사적으로 남성들이 닭싸움에 빠져들었다고 설명하기도 합니다.

이러한 현상은 지금도 계속됩니다. 필리핀 남성들은 불이 나면 수탉을 먼저 들고 나간다고 할 정도로 싸움닭에 대한 애착이 큽니다. 백신, 항생제, 영양제를 먹이며 소중하게 다룹니다. 우수한 싸움닭은 수백만 원에서 수천만 원을 호가하죠.

문제는 사봉이 대중 도박 스포츠로 변모했다는 점이에요. 사봉에는 수탉을 애지중지 키운 소유주들보다 훨씬 많은 노

름꾼이 몰려듭니다. 거액을 걸었다가 가산을 탕진한 이야기가 언론에서 종종 흘러나옵니다. 닭의 현실도 암울하기는 마찬가지입니다. 필리핀 2500개의 투계장에서 연간 수십만~수백만 마리의 닭이 죽는 것으로 추정됩니다.

4장

닭에게는 다섯 가지 덕목이 있으니

사람과 함께 살게 된 닭은 초기에는 부자들의 과시용 동물이 되기도 했고, 농가나 마을 주변을 돌아다니며 부랑아처럼 살기도 했습니다. 그래도 숲에서 살 때보다 훨씬 안전했습니다. 자신을 해치우려는 산짐승이 없었고 인간이 가끔 모이를 주기도 했으니까요.

사람들도 닭의 쓸모를 알게 됩니다. 달걀이 아주 좋은 음식이었거든요. 다만, 1년에 정해진 번식기에 많아야 10개 정도밖에 낳지 못한다는 사실이 안타까웠을 뿐이죠. 사람들은 달걀을 많이 낳는 닭끼리 교배하기 시작합니다. 그리고 수백 년이 흐르고 1000년이 넘어가면서 닭은 비로소 '야생의 강'을 건너게 됩니다. 바로 때를 가리지 않고 달걀을 낳는 새로 변모한 것이죠.

닭이 완전한 가축이 된 시기를 과학자들은 대략 기원전 400년경으로 봅니다. 세계적으로 신뢰받는 인류학 연구소인 독일 막스플랑크 지질인류학연구소가 중앙아시아 실크로드의 고고학 유적지에서 수만 개의 달걀 껍데기 조각을 수집해 분석한 결과, 그때의 퇴적층부터 많은 양의 달걀 껍데기가 쌓이기 시작했거든요.[12] 그 정도 양이라면, 닭이 계절과 관련 없이 달걀을 낳아야 했습니다. 이 연구소의 동물고고학자 로베르트 슈펭글러(Robert Spengler)는 "계절에 따라 알을 낳는 생태가 닭에게서 사라졌다는 최초의 고고학적 증거"라고 말했죠.[13]

마당 닭의 시대가 도래하다

바야흐로 야생 닭을 지나 마당 닭의 시대가 도래한 겁니다. 암탉은 마당과 농장의 후미진 곳에 알을 낳았습니다. 암탉이 알을 품기 전에 사람이 달걀을 가져가면, 암탉은 다시

산란을 시작했습니다. 동시에 인간은 '계속 알 낳는' 개체만 골라 교배했고, 점차 산란 횟수가 잦은 암탉이 다수가 되어 갔습니다. 암탉은 일주일에 1~2개의 달걀을 낳는 데까지 이르렀습니다. 사람에게 아주 좋은 단백질을 제공하는 친구가 생긴 겁니다.

우리나라 경주 천마총에서는 20여 개의 달걀 껍데기가 출토됐습니다. 그중 2개는 온전한 모습 그대로였습니다. 아마도 죽은 이가 다른 세상으로 갈 때 챙겨 가라는 의미에서 같이 묻은 것 같습니다. 천마총이 세워진 건 5세기 후반~6세기 초입니다. 실크로드에서 상시로 알 낳는 닭이 출현한 때로부터 약 800~900년이 지난 신라 시대에도 닭은 알을 낳으며 인간에 바짝 붙어 살았던 겁니다.

달걀을 생산하는 암탉은 농가의 일꾼이자 귀한 재산이었습니다. 수탉도 암탉의 번식을 위한 필수 개체였습니다. 적당한 때에 잡아 고기로 먹었고, 어떤 때에는 싸움을 붙였습니다.

상시로 알을 낳는 가축이 되었지만, 마당 닭은 야생의 생태를 간직하고 있었습니다. 한 마리의 수탉이 여러 마리의

   4장 닭에게는 다섯 가지 덕목이 있으니

암탉을 거느리는 야생 닭 무리와 비슷하게 농장의 닭들도 수탉 한두 마리와 암컷 여러 마리로 구성된 경우가 많았죠. 인간이 닭과 병아리를 수시로 가져가니 위계 서열이 야생 무리 정도로 엄격한 것은 아니었지만, 느슨하게나마 유지됐습니다. 숲에서는 씨앗, 곤충, 과일을 먹던 닭은 마당에서 곡물과 해충, 음식 찌꺼기를 먹었죠.

야생 행동도 남았습니다. 어렸을 적, 시골 할머니 댁에 자주 갔는데요. 텃밭에 옥수수와 고추를 기르고 마당에는 닭들과 개가 있었습니다. 수탉은 아침마다 '꼬끼오' 울어 댔고, 훌쩍 날아 담장에 올라서기도 했죠. 걸을 수 없을 정도로 덩치가 크고 케이지 밖에서는 존재할 수 없는 현대 공장식 축산 시스템에서 사육되는 닭에게서는 상상할 수 없는 행동이죠. 할머니는 산짐승이 해칠 수 있다면서, 밤이면 닭을 닭장에 넣어 두더군요.

마당에서 평화롭고 자유롭게 거니는 닭을 보니, 사람의 성격도 온건하고 너그러울 수밖에요. 옛사람들은 닭에게서 통찰을 구하고 인생의 해답을 얻었습니다. 기원전 2세기 한나라 때 편찬된 『한시외전(韓詩外傳)』은 닭이 다섯 가지 덕을

갖췄다고 말합니다.

첫째는 문(文)이요, 닭은 머리에 볏이 있어 관(冠)을 쓴 모습인데, 학식과 교양의 덕이 있다고 했고요.

둘째는 무(武)요, 닭의 다리에 날카로운 며느리발톱이 있어 무예의 덕이 있다고 했습니다. 닭싸움에서는 이 발톱에 예리한 금속제 칼을 달죠.

셋째는 용(勇)이요, 싸우는 수탉이 절대 물러서지 않는 습성을 들어 적이 앞에 있으면 물러서지 않고 싸우는 용기가 있다고 했습니다.

넷째는 인(仁)이요, 마당 닭이 모여 모이를 쪼는 것처럼, 서로 불러서 먹는 어짊이 있다고 했습니다.

다섯째는 신(信)이요, 닭이 밤을 지키며 때를 맞춰 울어 시각을 알리는 것처럼 신의의 덕을 갖췄다고 했습니다.

계유오덕(鷄有五德)은 조선의 유학자들에게 전수되면서 군주와 사대부가 갖춰야 할 덕목으로 받아들여졌습니다. 선비들은 마당에서 노니는 닭을 관찰하면서 자신을 다잡기도 했습니다.

태어난 지 10년 정도 되면 다른 닭과 달리 초연해지는 수

닭이 있는데, 이런 닭을 양반 같다면서 '반닭'이라고 불렀습니다. 반닭은 모이를 주어도 앞다퉈 탐하지 않고 나무 위에 고고하게 앉아 있었다고 합니다. 행동거지에 품위가 넘쳐 거름을 모아 두는 두엄터처럼 지저분한 곳에는 그림자도 비치지 않았고요. 의협심 또한 강해 강아지에게 쫓기는 병아리를 보면 곧바로 달려가 물리쳤다고 했습니다. 반닭은 별도로 먹이를 주고 천수를 다할 때까지 기르는 게 선비들의 불문율이었습니다.[14]

기독교 문화권인 유럽에서도 닭은 오랫동안 윤리의 상징이었습니다. 성경에 나오는 내용입니다. 예수가 십자가에 못 박히기 전날이었습니다. 예수는 제자들을 부른 자리에서 베드로에게 "오늘 밤, 닭이 울기 전에 네가 세 번 나를 부인할 것이다."라고 했죠. 베드로는 "내가 함께 죽을지언정 부인하지 않겠습니다."라고 했고 다른 제자들도 함께 다짐했습니다.

예수가 올리브산의 겟세마네에서 체포되었습니다. 제자들은 자신도 끌려갈까 봐 사방팔방으로 흩어졌습니다. 사람들이 '예수와 한 패'라며 베드로를 지목하자, 베드로는 "맹

성 베드로 통곡 교회는 닭 울음 교회로도 불린다.

세코 그를 모릅니다. 거짓말이라면 천벌을 받겠습니다."라
고 했습니다. 그때 멀리서 '꼬끼오' 하는 울음소리가 들렸습
니다. 베드로는 예수의 말이 떠올라 크게 통곡했습니다. 이
스라엘 예루살렘에는 성 베드로 통곡 교회가 있습니다. 교
회 지붕 위에 십자가가 있고, 십자가 위에는 황금빛 닭이 서
있습니다.[15]

6세기경, 로마 교황 그레고리우스 1세는 "베드로의 상징
인 수탉이야말로 그리스도교의 가장 합당한 상징이다."라
고 선언했습니다. 9세기경 교황 니콜라우스 1세는 "모든 성

당의 첨탑에 수탉을 올려라."라는 칙령을 내렸습니다.

수탉은 매일 새벽 울음소리로 베드로의 죄를 상기합니다. 닭은 과거의 죄를 회개하고 신의 뜻에서 벗어나지 않도록 경계하라는 의미를 갖게 되었죠. 유럽과 미국에서는 교회와 성당의 첨탑뿐만 아니라 주택과 건물에도 수탉 모양의 풍향계를 올립니다. 바람을 정면으로 맞는 풍향계는 '세상의 악에 맞서야 한다.'라는 교훈을 줍니다.

한편 기독교에서 달걀은 부활과 회복의 상징으로 여겨집니다. 겉보기엔 차갑고 움직임이 없는 껍데기를 병아리가 깨고 나오는 과정이 '무덤에서 일어난 그리스도'를 연상시키기 때문입니다. 지금도 교회와 성당에서는 부활절에 달걀을 나눠 먹습니다.

온갖 동물이 교류하던 곳

닭은 오랫동안 마당에 살았습니다. 마당은 닭, 거위, 오리, 소, 돼지, 개, 고양이 등 농장의 다양한 동물들이 어울리는 장소였습니다. 그들은 인간은 물론이고 다른 동물종과 교류

 4장 닭에게는 다섯 가지 덕목이 있으니

했습니다.

스웨덴의 작가 셀마 라겔뢰프가 1906년에 쓴 동화 『닐스의 신기한 여행』은 요정을 괴롭힌 소년 닐스가 마법에 걸려 몸이 작아진 이야기로 시작합니다.

다람쥐처럼 작아진 닐스가 마당에 나오자, 닭과 거위가 그를 에워쌉니다. 수탉이 "이 녀석이 내 볏을 잡아당겼지! 잘됐군. 벌받은 거야!"라면서 눈을 부라리자, 암탉들은 "인과응보야!"라고 외칩니다. 닐스가 겁을 먹고 도망치자, 닭들이 계속 뒤쫓지요. 그때 고양이가 나타납니다. 닭들은 순식간에 흙을 쪼는 시늉을 하며 잠잠해지고, 그 틈에 닐스는 위기에서 간신히 벗어나죠.

이 이야기를 비롯해 유럽의 많은 동화를 보면, 마당은 인간과 동물, 동물과 동물이 교류하는 곳이었음을 알 수 있습니다. 서로 다른 종으로 같은 언어를 쓰지는 않지만, 서로에 대해 잘 알기에, 소리와 표정, 행동으로 의사를 읽어 냈을 거예요. 거위는 쥐잡기에 실패한 고양이의 기분을 알았을 것이고, 닭은 새끼를 빼앗긴 어미 소의 슬픔을 읽었을 거예요.

하지만, 지금 전통적인 마당은 사라지고 없습니다. 동물

의 광장은 아스팔트 주차장과 농기계로 채워졌습니다. 닭과 돼지와 소는 거대한 '공장'으로 들어갔습니다. 그리고 닭에게는 자신의 역사에서 가장 불행한 변화가 들이닥쳤습니다. 그 일은 100년 전 미국에서 시작했습니다.

'내일의 닭'과 공장식 축산

닭의 불행한 역사는 미국 동부의 한 농가에서 시작합니다. 워싱턴 디시와 필라델피아 사이에 불룩하게 튀어나온 델마바반도는 남북으로 273킬로미터나 되는 큰 땅으로 미국 동부의 대도시에 밀이며 채소며 먹을거리를 공급하는 농촌이었어요.

1923년 델마바반도의 한 농가에 사는 여성 세실 스틸에게 문제가 생겼습니다. 세실은 평소 계란을 얻기 위해 산란용 암평아리 50마리를 주문하곤 했는데, 이번엔 업체가 500마리를 부쳐 준 거예요. 다시 보내기도 번거로운 일이라 세실은 "그래, 한번 키워 보자!" 하고 마음먹었죠.

그때만 해도 고기용으로 닭을 키우는 시대가 아니었어요. 계란을 깨고 병아리가 나오면 사람들은 암컷인지 수컷인지 궁금해했어요. 암평아리이면 "운이 좋군!" 하며, 계란을 낳는 닭, 즉 산란계로 썼어요. 반면, 수평아리일 경우에는 아쉬워하며 좀 키워서 번식용으로 썼죠.

의도치 않게 많은 병아리를 얻게 된 스틸은 이들을 닭으로 키워 고기로 팔 작정이었죠. 결과는 대성공이었어요. 넉 달 반 동안 500마리 중 387마리를 닭으로 키워 냈거든요. 닭을 잡아 고기 1파운드(450그램)당 60센트씩 받고 팔았어요. 그때만 해도 고기용 닭은 수명을 다한 산란계를 노계로 파는 경우가 대부분이었어요. 세실은 그 값의 5배를 받았어요.

세실은 다음 해엔 아예 1000마리로 규모를 키웠고, 그다음에는 1만 마리, 2만 5000마리로 농장을 불려 나갔어요. 사업은 날로 번창했습니다. 이웃들도 점차 그녀를 따라 하기 시작했죠. 10년도 되지 않아 델마바반도에는 고기용으로 닭을 기르는 농가가 500곳 이상으로 늘어났습니다.[16] 그것이 오늘날 고기용 닭으로 쓰이는 육계(Broiler), 즉, 치킨 산업의 기원입니다. 그래서 사람들은 세실 스틸을 '치킨의 어머니'

초창기 육계 농장의 모습. 맨 오른쪽이 세실 스틸이다.

라고 부르죠. 어떤 이는 현대 공장식 축산이 여기서 발원했다고 하고요.

닭고기 생산량이 늘어나자 소비량도 덩달아 늘어났습니다. 델마바반도 옆에는 뉴욕과 필라델피아 등 동부의 대도시가 있었죠. 허버트 후버 대통령은 1928년 선거 때 '모든 냄비에 닭고기를(A chicken in every pot)'이라는 구호를 내세웠어요. 산업은 부가 가치를 창출했고 사람들은 굶주림에서 벗어났죠. 델마바반도의 농부들은 육계 농장으로 방향을

틀고 부자들은 대규모 농장 운영에 뛰어들었습니다. 1942년 델마바반도에서 육계 9000만 마리가 생산될 정도였어요. 현재 미국의 전체 생산량과 비교하면 100분의 1밖에 되지 않지만, 당시만 해도 엄청난 양의 닭고기가 쏟아진 거예요.

우리가 먹는 '내일의 닭'

델마바반도에서 불어온 '닭고기 열풍'이 미국 동부를 휩쓸었어요. 이제 사람들은 '고기를 먹는다' 하면, 소고기 대신 닭고기를 떠올리기 시작했습니다.

하지만 문제가 있었어요. 닭에게 붙은 가슴살은 빈약하고 다리 살은 말라 있었죠. 맛도 퍽퍽했고요. 뼈를 발라내면 먹을 것이 없는 닭이 농장주들도 불만이었어요. 그러다가 이들에게 한 가지 아이디어가 떠올랐습니다. 살이 많은 닭만을 골라 계속 교배하면, 새로 태어나는 닭은 살이 많은 토실토실한 닭이 되지 않을까? 즉, 인위적인 교배를 통해 고기 전용 닭을 만들 수 있을 거라고 생각한 거죠.

1946년 미국 농무부와 슈퍼마켓 체인 A&P가 공동으로

'내일의 닭(Chicken of Tomorrow)'경연 대회를 엽니다. 빠르게 자라고, 고기가 실하고, 육질이 부드러운 닭을 찾는 대회였습니다. 엄청난 상금에 미국 전역의 농부들이 도전했습니다.

전국에서 모인 계란들이 특별한 부화장으로 보내졌어요. 부화된 병아리들은 똑같은 환경과 사료로 키워지며 꼼꼼히 관찰되었죠. 어떤 닭이 가장 빨리 크는지, 가슴살과 다리 살이 가장 풍성한지 12주 동안 확인한 뒤 심사 위원들이 최고의 닭을 골랐어요.

결국 '레드코니시 종(Red Cornish)' 수탉과 '뉴햄프셔 종(New Hampshire)' 암탉을 교배한 닭이 우승했습니다. 이 닭들은 빠르게 크고 고기도 많았어요. 그 후 닭 농장에서는 이 닭의 자손들을 대량으로 키우기 시작했고, 오늘날 우리가 흔히 먹는 육계 대부분이 내일의 닭 우승 혈통에서 나온 닭들이랍니다.

내일의 닭 경연 대회는 축산업의 역사와 닭의 생태에 중요한 분기점이 됩니다. 닭이 달라졌고, 축산업도 달라졌어요.

먼저, 양계 산업은 엄청난 변화를 맞습니다. 닭고기는 더

'내일의 닭' 경연 대회 우승자가 트로피를 받고 있다.

는 농부들이 독립적으로 길러 파는 먹을거리가 아니게 되었어요. 빨리 크고 살이 많은 '우수한' 닭의 종자를 기업이 가졌기 때문에 양계 산업의 주도권은 이 종자를 지닌 기업이 쥐게 됐어요. 기업은 새로운 비즈니스 모델을 창출했죠. 우수한 육계용 병아리를 농부들에게 주면, 농부들은 이 병아리를 6주 동안 기르고, 다시 그 기업이 가져가 도살해 파는 방식이 자리 잡았습니다. 동시에 사료를 생산해 농부들에게 팔았고요.

이런 식으로 '부화장(병아리 부화) → 사료 공장(먹이 만들기) → 농장(닭 키우기) → 도축 → 가공 공장(고기로 만들기) → 포장과 유통(슈퍼마켓으로 보내기)' 등 병아리 부화에서 닭고기 판매까지 모든 단계를 점차 한 회사가 지배하게 됩니다. 이를 '수직 계열화'라고 부르죠.

닭은 점점 빨리 자라고, 농장은 점점 더 커지고, 닭고기는 점점 저렴해졌습니다. 하지만 옛날처럼 가족 농장이 직접 시장에 내다 팔던 시대는 저물고 있었죠. 미국 치킨 사업은 타이슨, 퍼듀 같은 거대 식품업체 중심으로 재편됐습니다.

한국에서도 축산업 경쟁력 확보를 명분으로 정부가 수직 계열화를 추진했어요. 양계 농장이 낙후했는데도 생산비는 미국의 1.8배나 드는 이유가 기업이 지배하지 않기 때문이라고 본 거예요. 정부가 권장하는 수직 계열화에 가장 앞서 나선 업체는 현재 국내 최대의 축산업체인 '하림'이었습니다. 하림은 닭 사육 농장을 중심으로 생산 흐름에서 후방 산업(사료와 부화)과 전방 산업(도축 및 유통)을 통합했어요. 이렇게 농장과 공장, 시장을 묶는 수직 계열화를 '삼장 통합'이라고 부릅니다. 각각 떨어져 있던 사료 생산업체, 가공업체, 판매업체 등을 인수 합병했죠. 양계 농민과는 위탁 사육 계약을 체결하고요. 하림은 이렇게 1990년대 수직 계열화 시스템을 완성해요.[17]

현재 하림은 재계 서열 20위권입니다. 사료를 생산하는 (주)팜스코와 제일사료, 육가공 업체인 (주)하림, (주)선진 과 (주)올품 그리고 홈쇼핑 채널인 NS쇼핑을 가지고 있어 요. 농가는 닭과 돼지를 하림과 계약해 위탁 사육을 하고 나 머지는 하림이 운영하는 거예요. 공장식 축산은 발달할수록 이렇게 수직 계열화하는 특성을 띕니다. 그렇게 해야 고기 값이 싸지고 이윤이 많이 남기 때문이죠.

내일의 닭 경연 대회는 닭고기 식문화를 완전히 바꿔 놓 았습니다. 다양한 치킨과 치킨버거, 너깃 같은 음식이 잇달 아 등장하게 됩니다. 과거에는 농부들이 닭을 길러 팔고 소 비자들이 시장에서 닭고기를 샀다면, 이제는 엄청나게 큰 기업이 이 과정을 담당하게 됐어요. 닭고기를 많이 팔기 위 하여 닭고기를 여러 형태로 가공하고 다양한 메뉴를 개발하 게 된 거예요.

치킨너깃은 1960년대 미국에서 만들어졌어요. 그때까지

만 해도 닭고기는 통째로 팔았고 사람들은 뼈를 발라 먹었어요. 요리하는 사람에게나 먹는 사람에게나 불편한 일이었죠. 1963년 코넬대학교의 농업학자 로버트 베이커(Robert C. Baker)는 이러한 점에 착안해 도축, 가공 단계에서 뼈 없는 조각을 만들고 빵 반죽으로 조각을 감싼 제품을 만들었죠. 이미 냉장고가 보급된 상황이었으므로, 맥도날드 같은 패스트푸드 업체들이 냉동된 제품을 튀겨 내놓았어요. 치킨너깃은 선풍적인 인기를 끌었습니다. 수직 계열화 덕에 신상품의 개발과 홍보도 훨씬 쉽게 이루어졌죠.

귀했던 씨암탉이 알 낳는 기계가 되고

알 낳는 닭, 산란계가 사는 곳도 점차 '농장'에서 '공장'으로 바뀌기 시작했어요.

가축화된 닭은 수천 년 동안 주로 방목되거나 마당에서 소규모 무리로 키워졌습니다. 이러한 닭을 '마당 닭'이라고 해요. 마당 닭의 최고 가치는 계란을 낳아 주는 것이었죠.

우리 속담에 '사위가 오면 씨암탉 잡는다.'라는 말이 있

  5장 '내일의 닭'과 공장식 축산

죠. 농가 입장에서 씨암탉을 잡는 것은 앞으로 병아리를 깔 수 있는 알을 얻을 수 없다는 것이고, 이는 집안의 중요한 재원 하나를 내놓는다는 뜻이었죠. 그만큼 마당 닭의 최고 가치는 계란을 낳는 거였어요. (동시에 그때는 닭고기를 많이 안 먹었다는 뜻이기도 해요.)

2장에서 이야기했듯 야생의 붉은들닭은 지금처럼 계란을 많이 낳지 못했어요. 하지만 인간의 세계로 들어오면서 계란 낳는 닭으로 변하기 시작했죠. 인간은 당연히 계란을 많이 낳는 닭을 선호했겠죠? 아마 계란을 많이 낳는 닭끼리 교배했을 거예요. 이러한 과정은 수백 년에서 1000년 넘게, 아주 느리게 지속됐어요. 결국 야생에서 온 닭은 '알 낳는 닭'으로 진화했고, 평균 일주일에 2개씩 계란을 낳게 된 겁니다.

20세기 들어서 산란계는 천지개벽의 변화를 맞아요. 아주 짧은 시간에 이뤄진, 극적인 변화였죠. 과학자와 기술자들이 농업에 뛰어듭니다. 하나라도 알을 더 낳는 닭을 만들기 위해 닭을 실험실로 데려와 '어떤 사료를 줘야 할까' '실내 사육장의 조명은 얼마나 켜야 할까' '어떤 닭과 교배할까'

'어떤 구조의 닭장을 지을까' 등을 연구하며 머리를 싸맸죠. 품종 교배, 사료와 사육 시설의 혁신으로 공장의 암탉은 거의 하루에 1개씩, 1년에 300개를 낳는 '알 낳는 기계'로 변하기 시작했습니다.

동시에 델마바반도에서는 산란계를 케이지에 넣어 사육하는 관행이 시작됩니다. 암탉이 알을 낳으면 케이지 앞쪽으로 굴러가도록 설계했어요. 농부가 쉽게 수거하는 한편 암탉은 알을 품을 수 없도록 했죠. 또한, 암탉이 배출한 배설물은 케이지 아래 컨베이어 벨트를 통해 쉽게 수거할 수 있었죠.

이러한 케이지는 델마바반도의 양계 농장이 대형화되면서 확산합니다. 1960년대에 이르러선 오늘날의 '배터리 케이지(Battery cages)'로 발전하죠. 다단식 닭장이라고도 하는데 길게 늘어선 케이지가 여러 층으로 높게 붙어 있는 형태를 말해요. 과거의 대형 아파트를 상상하면 될 거예요.

경기도의 한 산란계 농장을 방문한 적이 있어요. 닭들의 울음소리가 사육장을 울렸지요. 8층 되는 배터리 케이지였는데 닭들이 케이지당 두어 마리씩 살고 있었어요.

천장에 달린 사료 급여기가 천천히 움직이며 사료를 쏟아내면, 닭들이 케이지 철창 사이로 고개를 내밀고 쪼아 먹더군요. 철창 사이로 어찌나 자주 목을 빼었다가 넣었던지 분홍빛 살이 보였어요. 달걀이 컨베이어 벨트로 떨어졌어요. 달걀은 벨트를 타고 한곳에 모아졌어요. 농장주가 말했습니다.

"사람이 할 것은 별로 없어요. 하루에 다섯 번 사료 급여기에 사료를 채우고 서너 마리 폐사하는 닭을 수거하는 정도죠."

이렇게 약 300평(992제곱미터) 되는 계사 한 동에 닭 1만 5000마리가 살고 있었어요. 최근 들어서 10~12층 되는 배터리 케이지도 나왔다고 해요. 심지어 사람이 농장 안에 들어가지 않고 밖에서 온도·습도와 조명 조절을 할 수 있는 것은 물론이고 사료와 물도 자동으로 주는 '무창 계사'도 많아졌죠. 무창 계사는 창이 없는 닭 사육장이라는 뜻입니다. 자동화된 공장 안에서 모든 게 해결되는 것이죠.

암탉은 알 낳는 기계가 됐습니다. 자연에서 1년에 10개 낳던 알을 공장에서는 거의 매일 낳죠. 닭은 알을 낳기 시작

하고 1년 뒤, 털갈이할 때가 되면 알이 뜸해져요. 농장에서는 털갈이를 빨리 마치기 위해 '강제 환우'라는 것을 해요. 5~9일 동안 밥을 굶기고 빛을 차단하는 거죠. 이때 살이 빠지고 면역력이 약해져, 폐사하는 닭이 속출해요. 겨우 살아나 털갈이가 끝난 닭은 다시 알을 낳고요. 1년 반쯤 되면 알 낳는 능력이 떨어집니다. 그리고 암탉은 도계장으로 옮겨져 생을 마감하죠.

닭의 혁신에서 치킨의 혁신으로

선순환일까요? 악순환일까요? 누군가에는 선순환이고, 누군가에게는 악순환이겠죠.

세실 스틸의 육계 사육 그리고 내일의 닭 경연 대회를 통한 품종 개량은 닭고기 생산의 혁신이었습니다. 배터리 케이지와 무창 계사의 발명, 강제 환우 같은 사육 방법의 변화는 계란 생산의 혁신을 불러왔고요. 이러한 '축산 혁신'을 통하여 기업은 싼값에 많은 닭고기와 계란을 공급할 수 있었죠.

　다음에 이어진 건 '식품의 혁신'이었어요. 살이 토실한 닭이 나오자 치킨값이 싸졌습니다. 많은 이들이 치킨을 먹었습니다. 돈을 많이 번 기업은 소비량을 진작시키기 위해 더 맛있는 고기, 더 맛있는 메뉴를 개발할 여유가 생겼습니다.

　한국에서도 1977년 한국 최초의 프랜차이즈 치킨 전문점 림스치킨이 서울 명동 신세계백화점 지하에서 문을 연 뒤로 많은 치킨 프랜차이즈가 생겨났습니다. 1980년대에 페리카나, 처갓집 같은 브랜드가 생기면서 양념치킨이 등장했어요. 닭을 튀겨 달콤하고 매운 소스에 버무렸는데, 기존에 먹던 통닭과 다른 새로운 맛이라서 많은 사람들의 사랑을 받았어요.

　한국의 치킨은 '치맥'으로 알려져 세계인의 입맛을 사로잡고 있죠. 2013년 인기 드라마 「별에서 온 그대」에서 "눈 오는 날엔 치맥인데."라는 명대사가 나오면서, 중국과 아시아에 치맥 문화가 급속히 퍼졌어요. 온라인 백과사전 위키피디아에서는 'chimaek'을 "한국 식당에서 저녁에 서비스되는 맥주와 프라이드치킨으로 많은 수의 프랜차이즈 체인점이 있다."라고 설명하네요. 2023년부터 캘리포니아주 오

클랜드에서는 치맥 페스티벌이 열리고 있습니다.

국내 치킨 업체는 소비자들의 입맛을 사로잡기 위해 새로운 메뉴 개발을 게을리하지 않습니다. 짭조름하고 달콤한 간장치킨으로 유명한 교촌치킨, 올리브유로 튀겨서 깔끔한 맛을 주는 BBQ, 오븐에 구운 굽네치킨, 마늘향이 강한 블랙 알리오가 인기인 푸라닭치킨……. 여러분은 어떤 치킨을 좋아하시나요?

2022년 기준 국내 치킨 전문점은 4만 1436곳으로 전 세계 맥도날드 매장 4만 275곳보다 많아요. 어제보다 오늘, 지난해보다 올해, 우리는 치킨을 더 많이 먹고 있습니다. 수많은 닭이 죽고, 수많은 닭을 먹고, 수많은 닭 뼈가 쌓이고 있습니다. 지구가 닭 뼈로 덮이게 생겼습니다.

   5장 '내일의 닭'과 공장식 축산

인류세와
치킨들의 행성

"잠깐! 우리, 이제 더는 홀로세에 살지 않는다고 생각합니다. 우리는 지금……(말이 막히자 머뭇거리며) 인류세, 바로 그 인류세에 있습니다!"

2000년 멕시코의 쿠에르나바카에 과학자들이 모여서 회의를 열었습니다. 과학자들은 현재의 지질 시대인 '홀로세'에 대한 이야기를 계속했습니다. 노벨화학상 수상자인 네덜란드의 대기화학자 파울 크뤼천(Paul Crutzen)은 조용히 앉아 있다가 점점 답답해졌죠. 계단식 회의실에 앉아 있던 그는 동료들이 "홀로세, 홀로세"를 반복하는 걸 듣다가 결국 참지 못하고 손을 번쩍 들고 말했어요.

　　　　　6장 인류세와 치킨들의 행성

크뤼천의 말에 회의장은 순간 조용해졌어요. 과학자들은 모두 놀라서 서로를 바라봤고요. '인류세'라는 말은 작은 불씨가 되어 회의장에 있던 과학자들의 가슴에 불을 질렀고, 몇 년 뒤에는 우리 시대의 지구를 상징하는 말로 커졌어요.

인간이 바꾼 지구

인류세(Anthropocene)는 인간을 뜻하는 'Anthropo-'와 새로운 시대를 뜻하는 '-cene'이 결합한 말이에요. 즉, '새로운 인간의 시대'라는 뜻이죠.

46억 년 전에 지구가 탄생했죠. 공룡은 중생대 백악기 말엽인 6600만 년 전에 멸종했고요. 현생 인류(호모 사피엔스)는 신생대 제4기 플라이스토세인 약 30만 년 전에 출현했어요.

플라이스토세는 '빙하기'였어요. 추울 때는 지구 표면의 약 30퍼센트가 빙하로 덮여 있었죠. 이 시대에는 매머드, 털코뿔소 같은 커다란 동물들이 많았고, 인류는 돌을 갈아 만든 창으로 동물을 사냥하거나 뿌리와 열매를 채집해 먹고 살았습니다. 이 시기의 인류를 수렵 채집인 혹은 구석기인

이라고 불러요.

그러다가 1만 1700년 전부터 날씨가 따뜻해져요. 홀로세가 시작된 거예요. 빙하가 녹으면서 해수면이 높아지고, 산, 들판, 숲, 강 등 현재와 같은 모습의 자연환경이 자리를 잡았죠. 따뜻한 기후 덕에 사람들이 농사를 짓기 시작하면서 마을과 도시가 생겨났어요. 홀로세 동안 인류의 문명은 엄청나게 발전했어요. 이집트의 피라미드, 메소포타미아 바빌론의 도시 유적, 중국의 만리장성부터 파리의 에펠탑까지 모두 홀로세에 만들어진 것들이에요.

홀로세가 지금까지 이어져 온 것으로 모든 과학자가 여겼는데, 갑자기 노벨상을 받은 대가가 '이제 더는 홀로세가 아니다. 새로운 지질 시대인 인류세다!'라고 선언한 거예요.

그 뒤, 여러 과학자가 정말로 지질 시대를 새로 정할 만큼 많은 것이 바뀌었는지 조사하기 시작했어요. 지구 표면 온도, 열대 우림 손실, 해양 산성화 등 많은 수치가 높아졌어요. 특히 1950년대를 기점으로 급상승하고 있었죠. 마치 운전사가 액셀을 세게 밟아 자동차가 미친 듯이 폭주하는 것처럼요. 그래서 과학자들은 1950년을 인류세의 시점으로 보

    6장 인류세와 치킨들의 행성

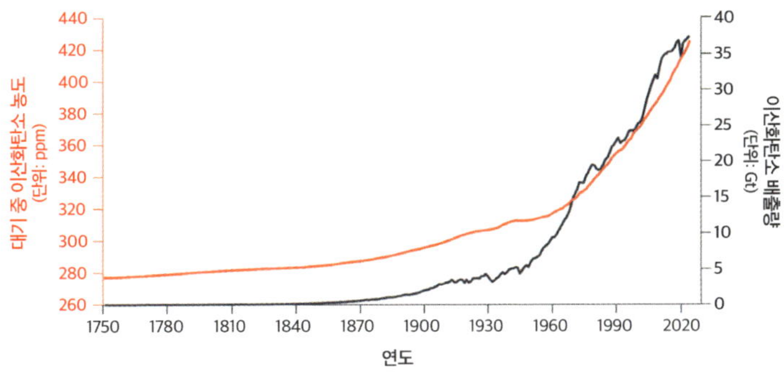

대기 중 이산화탄소 농도와 이산화탄소 배출량. 이산화탄소 농도는 1750년 산업 혁명 즈음부터 완만하게 오르다가 1950년대를 기점으로 급격하게 솟구친다.

자고 제안했습니다.

홀로세 1만 년 동안 줄곧 280ppm 안팎으로 유지되던 이산화탄소 농도는 산업 혁명이 일어난 18세기 이후 완만하게 상승하다가 1950년대를 기점으로 폭증했습니다. 2025년에는 427ppm까지 치솟은 상태입니다.

이러한 이산화탄소 농도의 증가 속도는 최근 300만 년 동안 한 번도 경험하지 못한 수준이에요. 알다시피 이산화탄소는 지구 온도를 높이는 온실가스입니다. 그 결과 2011~2020년 동안의 지구 평균 기온은 1850~1900년 대비 1.1도가 상승한 상태죠. 녹아내리는 빙하, 높아지는 해수면

그리고 종잡을 수 없는 집중 호우, 아스팔트를 녹이는 여름 폭염, 잦아지는 산불……. 지구는 어느 때보다 불안한 모습이에요.

인류세를 새로운 지질 시대로 정하려면, 그 시대를 대표하는 표식(Marker)이 있어야 해요. 이를테면 삼엽충이 고생대를 대표하는 표준 화석인 것처럼, 인류세도 마찬가지로 홀로세에 볼 수 없었거나 갑자기 늘어난 것이 있어야 해요. 1950년대를 기점으로 급상승한 무언가가 있어야 했죠.

과학자들은 여러 증거를 제안했어요. 1950년대 핵 실험으로 대기 중에 방출된 플루토늄, 화력 발전소에서 석탄을 고온에서 태울 때 발생하는 미세 먼지인 구형 탄소 입자(SCP)를 인류세의 표식 후보로 들었어요. 잘 썩지 않는 합성수지 플라스틱도 1950년대 이후에 생태계로 퍼진 후보였어요. 그리고 또 하나! 바로 닭 뼈를 제안하는 과학자들도 있었지요.

미래의 표준 화석

2023년 지구에 사는 닭은 272억 마리나 됩니다. 아프리카

   6장 인류세와 치킨들의 행성

에 사는 홍엽조 15억 마리, 참새 5억 마리, 비둘기 2억 5000만 마리보다 많아요. 아니, 지구상의 모든 야생 새를 합친 것보다 많은 수이죠.

다른 가축과 비교해도 많아요. 약 10억 마리가 사는 돼지, 16억 마리로 추정되는 소보다 훨씬 많죠. 심지어 닭의 개체 수는 폭증하는 중이에요. 1990년 100억 마리였던 것이 20여 년 만에 2.7배가 늘었어요. 싼값에 닭을 많이 생산하니, 사람들이 많이 먹고, 다시 많이 생산하는 연결 고리가 만들어진 거예요. 닭이 많아졌으니 닭 뼈도 많아졌을 거예요.

그렇다면 닭 뼈는 어떻게 인류세의 표준 화석이 될 수 있을까요? 캐리스 베넷(Carys E. Bennett) 박사 등 영국 레스터 대학교 연구 팀이 진지하게 살펴봤어요.[18]

연구 팀에 따르면 현대의 닭은 과거의 닭과 전혀 다른 종이라고 해도 될 정도로 달라졌습니다. 특히 1950년대 이후, 인간이 닭을 더 크고 빨리 자라는 육계로 변모시켰습니다. 닭의 덩치, 뼈의 크기와 모양, 뼈의 구멍까지 크게 달라졌어요. 이런 변화는 자연 상태에서는 수천~수만 년 걸릴 일인데, 단 70년 만에 일어났답니다.

연구 팀은 1957년과 2005년 육계의 몸무게를 비교했어요. 닭은 보통 알에서 나온 지 50일째에 도살해요. 1957년에는 56일 무렵의 평균 무게가 905그램이었는데, 2005년에는 4.2킬로그램에 달했죠. 50년 동안 성장 속도가 무려 4배 이상 증가한 거예요.

닭이 많아진 또 하나의 비밀은 '사료 전환율(FCR, Feed Conversion Ratio)'이에요. 이 수치는 닭이 1킬로그램 커지는 데 먹는 사료의 양을 뜻해요. 예전엔 닭의 몸무게가 1킬로그램 늘어나려면 사료를 4~5킬로그램 정도 먹어야 했어요. 즉, 사료 전환율이 4~5였죠. 반면, 21세기 들어 첨단 사육 기술과 맞춤 사료 덕분에 사료 전환율은 1.7~1.9까지 낮아졌어요. 몸무게 1킬로그램을 늘리는 데 사료 1.7~1.9킬로그램이면 충분하다는 거예요. 훨씬 적은 사료로 훨씬 빠르고 크게 자라는 닭을 만들어 냈습니다. 높아진 효율 덕분에 닭고기 값은 더욱 저렴해졌고, 전 세계 닭고기 소비량은 폭발적으로 늘었죠.

닭은 뼛속까지 달라졌어요. 다리뼈는 길이가 2배가 되었고, 넓이는 8배로 늘어났죠. 너무 빠른 성장 탓에 뼈는 크지

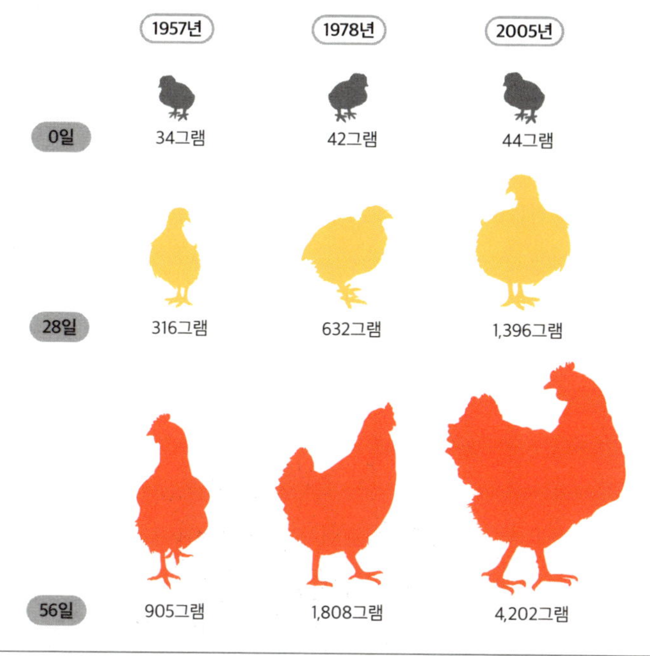

닭의 크기 변화

만 불안정해졌어요. 구멍이 많은 골다공증이 생겼죠. 연구 팀은 현대 닭의 유전자는 기존의 닭과 완전히 달라졌다고 말합니다.

지금 닭은 인간 없이 생존할 수 없어요. 만약 공장식 축산 농장의 육계를 100년 전처럼 바깥에 두고 살라고 한다면요?

제대로 걷고 뛰고 날 수 없을 거예요. 곧 죽고 말겠죠.

　세계 어디나, 도시든 시골이든 닭 뼈는 쌓이기 시작했어요. 닭 뼈가 화석으로 남으려면 몇 가지 특별한 환경이 필요해요. 보통 죽은 동물의 뼈나 몸은 금방 썩지만, 화석이 되려면 썩지 않고 오래 남아야 하죠. 닭 뼈도 마찬가지예요.

　땅속에서 흙이나 진흙에 빨리 덮이면 공기(산소)를 막아

6장 인류세와 치킨들의 행성

유기물의 썩는 속도가 느려져요. 무산소 환경에서는 박테리아나 곰팡이가 번식하지 못해서 그대로 보존되죠. 땅속 깊은 곳, 강바닥, 습지, 쓰레기 매립장 등이 이런 환경이에요. 연구 팀은 닭 뼈가 쓰레기 매립지 같은 무산소 환경에서 썩지 않고 아주 오래 남을 수 있다고 봤어요. 미래의 학자들이 지층을 파다가 "여기 있는 뼛조각들은 바로 인류세, 인간이 지구를 바꾼 증거!"라고 말하게 될 가능성이 크답니다.

닭으로 흥한 자, 닭으로 망하리라

2016년 5월, 한 보고서가 세상에 공개됩니다. 영국 정부와 영국의 과학 재단인 웰컴트러스트가 후원하고 세계적인 경제학자 짐 오닐(Jim O'Neill)이 이끌어 만든 항생제 보고서였어요.[19] 충격적인 내용이었습니다.

"2050년이면 항생제로 인해 3.17초마다 한 사람이 죽는다. 연간 1000만 명의 초과 사망자가 발생한다."

초과 사망은 특정 기간 동안 발생한 사망자 수가 과거 동일 기간의 평균 사망자 수보다 많은 경우를 말합니다. 현재는 연간 70만 명이 항생제 내성으로 '초과 사망'하는 것으로 추정돼요. 항생제 내성이 발생하지 않았다면, 사망하지 않았을 사람들이죠. 오닐은 30여 년 뒤엔 그 수치가 14배로 늘어날 것으로 예측했어요.

끔찍한 상황을 피하기 위해서는 병원뿐만 아니라 축산 농장에서도 항생제 사용을 획기적으로 줄여야 합니다. 각국 정부가 하루빨리 가축에 대한 항생제 사용을 금지하거나 규제하지 않으면 안 되는 상황에 이르렀죠.

항생제는 세균 감염을 치료하기 위해 사용하는 페니실린이나 테트라사이클린 같은 약물이에요. 세균의 생장을 억제하고 세균을 사멸하죠. 항생제는 우리 삶에 꼭 필요해요. 항생제가 없었다면 사소한 상처 치료가 까다로워지는 것은 물론이고 큰 수술은 엄두도 못 냈을 거예요. 수술 부위가 세균에 감염되어 패혈증으로 이어지기 십상이었겠죠. 위나 장의 염증·종양을 치료하기 위한 개복 수술도 세균 감염 탓에 실패했을 테고요.

공장식 축산과 항생제

항생제는 현대 의학의 신기원을 이룬 기반이었습니다. 동

시에 공장식 축산의 신기원을 달성한 약물이기도 합니다. 어떻게 공장식 축산과 관련이 있을까요?

'항생제의 기적'이 발견된 건 우연이었습니다. 1950년 미국 레덜리연구소의 생물학자 토머스 주크스(Thomas Jukes)는 어떤 비타민과 영양제를 먹여야 닭이 잘 클지를 연구하고 있었어요. 농장주와 업체가 실내에서 닭을 대규모 사육하기 시작할 무렵이었어요. 좁고 열악한 환경으로 병들고 죽는 개체가 많았고, 고기와 달걀의 품질도 좋지 않았습니다.

주크스는 다양한 종류의 비타민을 먹인 뒤, 체중과 건강을 비교하는 실험을 했습니다. 그런데 실험 중에 곤죽을 먹인 집단의 닭들의 몸무게가 다른 닭보다 2.5배나 더 나가는 것을 발견한 거예요. 알아보니 곤죽에는 항생제인 스트렙토마이신을 제작하는 과정에서 만들어진 배양액이 들어가 있었죠. 주크스는 무릎을 쳤습니다.

'스트렙토마이신이 어떤 역할을 한 것일지 몰라!'

주크스는 항생제의 성장 촉진 효과에 관한 후속 연구를 진행해 학회에 발표했습니다. 그 소식이 『뉴욕타임스』 1면에 대문짝만 하게 실렸어요.[20] 동물 사료에 오레오마이신이

　7장 닭으로 흥한 자, 닭으로 망하리라

라는 '경이로운 약물'을 소량 첨가하면 돼지, 닭, 칠면조 등의 성장 속도가 무려 50퍼센트나 증가한다는 내용이었죠. 신문은 "자원이 줄고 인구가 느는 세계에서 장기적으로 인류 생존에 엄청난 의미를 지닐 것"이라며 흥분했습니다.

사료 업체들은 앞다퉈 항생제를 사료에 넣기 시작했어요. 곡물뿐만 아니라 비타민과 항생제를 넣은 배합 사료가 대세가 되었습니다.

부작용이 알려지는 데는 오랜 시간이 걸리지 않았습니다. 1960년대 초반, 한 병원에서 항생제에 내성을 갖는 황색 포도상 구균이 발견됐어요. 병원에서 감기 같은 작은 병에도 항생제를 마구 쓰자, 항생제에 자주 노출된 세균이 진화한 거예요. 다시 말하면, 특정 항생제에 저항력을 가지고 생존하는 능력(내성)이 세균에 생긴 겁니다. 그럼 어떻게 될까요? 항생제가 듣지 않겠죠. 큰 수술처럼 정말로 필요할 때 항생제가 듣지 않으면 큰일이 날 거예요.

동물도 마찬가지입니다. 가축에 항생제를 투여하면, 사람은 고기를 통해 항생제를 먹게 됩니다. 공장식 축산 시대의 개막과 함께 고기 생산량과 소비량이 급증하면서, 사람의 항생제 노출량도 자연스럽게 늘어났어요. 또한 동물의 분뇨와 운송 차량, 농장 노동자를 통해 항생제 내성균이 생태계로 퍼졌죠. 잇달아 항생제 내성도 치솟았습니다.

항생제는 소보다 닭과 돼지에 많이 쓰입니다. 그럴 수밖에요. 닭과 돼지가 소보다 더 열악한 환경에서 자라는 만큼 질병 발생과 폐사율을 줄이기 위해 항생제를 더 쓰는 거죠. 2015년에 나온 한 논문을 보면, 소는 고기 1킬로그램을 만드는 데 45밀리그램의 항생제가 투여됩니다. 반면, 닭과 돼지는 각각 148밀리그램, 172밀리그램이나 들어가요.[21]

항생제를 얼마나 쓰는지는 나라마다 달라요. 2010년 이전의 통계이긴 하지만, 한국은 닭과 오리 등 가금류 한 마리당 3.1그램의 항생제를 사용했습니다. 이는 덴마크 0.003그램의 1,033배, 영국 0.12그램의 26배에 이르는 수치였어요.[22] 다른 가축에 비해 유독 닭에 많이 쓴다는 사실도 눈여겨봐야 합니다.

이 때문에 선진국에서는 배합 사료에 항생제를 섞어 파는 걸 금지했어요. 우리나라도 2011년에 금지했고요. 하지만 병에 걸리지 말라고 항생제를 과다 투여하는 경우가 여전한 실정이에요.

과학자들은 다제 내성(MDR, Multidrug Resistance)을 조사해요. 하나가 아닌 다수의 항생제(多劑)에 대해 내성을 가진 균들이 있는지 보는 거예요. 우리나라 연구 결과에 따르면, 육계 농장의 닭의 60.6퍼센트가 이러한 다제 내성균을 가지고 있었어요. 산란계 농장의 닭들은 37퍼센트가 가지고 있었고요.

이 항생제도 듣지 않고 저 항생제도 듣지 않을 때는 어떻게 해야 할까요? 그럴 때 쓰는 항생제가 있어요. 바로 카바페넴계 항생제인데 슈퍼 박테리아, 즉, 다제 내성균 감염 환자를 치료하는 데 쓰입니다. 가장 마지막에 쓰는 최후의 항생제인 거죠. 이마저도 듣지 않는다면 어떡할까요? 현대 의학이 마비됩니다. 정말 큰일이 나는 거죠.

2019년 세계보건기구(WHO)는 항생제 내성을 '세계 10대 공중 보건 위협'의 하나로 선언했어요. 대기 오염 및 기후 변화, 전 지구적 유행성 독감, 가뭄·기아·전쟁 등 취약한 환경 등과 함께 항생제 내성을 꼽은 거예요. 연간 70만 명의 목숨을 앗아 가는 항생제 내성에 대해 2021년 테워드로스 아드

하놈 거브러여수스 사무총장은 ‘조용한 팬데믹(Pandemic)’
이라고 말했죠. 팬데믹은 코로나19 같은 감염병이 전 세계
적으로 크게 유행하는 걸 말해요. 그만큼 항생제 내성을 심
각하게 보고 있는 것입니다.

‘칼로 흥한 자, 칼로 망한다.’라고 했나요? 20세기 인류는
닭으로 흥했습니다. 닭 덕분에 싼값으로 단백질을 섭취하고
가난과 영양실조에서 벗어날 수 있었습니다. 하지만 닭으로
흥한 자, 닭으로 망하는 건 아닐까요? 너무도 많은 닭고기를
먹고 있는 인류에 팬데믹이 조용하게 몰아치고 있습니다.
치킨 행성은 위험에 빠졌습니다.

팬데믹의 시한폭탄

2020년 2월 초, 코로나19 바이러스가 퍼지면서 세계가 공
포에 떨고 있을 때였습니다. 3,711명을 태운 대형 크루즈선
‘다이아몬드 프린세스호’가 항해를 마치고 일본 요코하마
항 입항 허가를 기다리고 있었습니다. 그런데 일본 정부는
난색을 보였습니다. 크루즈선 내에 코로나19 환자가 있었기

  7장 닭으로 흥한 자, 닭으로 망하리라

때문이었죠. 일본 정부는 하선한 승객들로 인해 바이러스가 퍼질까 봐 두려워했습니다. 승객들은 내리지도 못하고 감염의 공포에 떨며 며칠 밤을 보냈습니다. 모든 승객이 하선한 3월 1일까지 확진자는 705명으로 불었습니다.

학교나 어린이집, 유치원 그리고 크루즈선 등 많은 사람이 한 공간에 모여서 생활하는 장소에는 다양한 바이러스와 세균이 모이게 되어 있습니다. 사람끼리 가까이 지내다 보면, 바이러스에 쉽게 노출되어 전염도 잘 일어나죠. 이런 곳을 '바이러스의 저수지(Reservoirs of viruses)'라고 부릅니다. 누군가 기침을 하면 바이러스가 비말(침방울)을 타고 다른 사람의 코나 입으로 들어가 퍼지게 됩니다. 손잡이나 식기 등의 물건을 통해 다른 사람에게 옮겨 갈 수도 있겠죠. 특히, 바이러스의 저수지에서는 누군가 한번 감염되면 끝장입니다. 다이아몬드 프린세스호에서 한 달도 안 되어 승객 705명이 코로나19에 걸렸던 것처럼 정말로 무서운 속도로 퍼져 나가죠.

닭을 사육하는 양계 농장도 크루즈선과 비슷합니다. 공장식 축산 농장 가운데 가장 밀집한 사육 환경을 갖고 있습니

　　　　　　　　　　7장 닭으로 흥한 자, 닭으로 망하리라

다. 바이러스와 세균 전파가 크루즈선보다 빠른 곳이죠. 바이러스 입장에서 공장식 축산 농장은 자신이 퍼져 나갈 숙주가 빽빽이 몰려 있고, 기침과 호흡 그리고 배설물을 통해 숙주와 숙주 사이를 이동하기에도 더없이 좋은 환경입니다. 끊임없이 자신을 복제할 기회가 생기기 때문에 바이러스는 새로운 환경과 압력에 적응한 새로운 변종의 바이러스(변이)로 진화할 가능성이 크고요.

코로나19 바이러스 팬데믹 초기, 병리학자들은 닭이나 돼지 농장에 혹시라도 바이러스가 퍼질까 봐 노심초사했습니다. 다행히 닭은 바이러스에 감염되지 않았어요. 일부러 닭에게 바이러스를 노출하는 실험을 벌였지만, 감염 증상이 나타나지 않았고, 바이러스가 닭의 몸에서 복제되지도 않았습니다. 참 다행이었습니다.

그러나 다른 동물에게서 걱정했던 일이 일어났습니다. 바로 인간이 목도리나 코트의 모피를 얻기 위해 사육하는 밍크 농장에 코로나19 바이러스가 퍼졌습니다. 농장 노동자가 바이러스를 전파했고, 밍크들이 하나둘 죽기 시작했습니다. 이 때문에 덴마크 정부는 나라 안에 있는 밍크를 전부 살처

분하기도 했습니다.

심지어 바이러스가 돌면서 새로운 변이가 나타났습니다. 그리고 그 변이 바이러스가 사람에게 옮겨 가기도 했죠. 바이러스가 수많은 숙주를 거치며 자신을 수없이 복제하다 보니, 기존과 다른 새로운 성격을 갖게 된 거예요. 다행히 사람에게 치명적인 변이는 아니어서 한숨을 돌렸죠. 하지만 이런 변이가 자주 발생하면, 어떤 일이 벌어질지 몰라요.

코로나19 바이러스 다음 차례는 무엇일까요? 예사롭지 않은 일은 계속되고 있습니다. 2022년 6월 미국 동부 뉴잉글랜드 해안가에서 죽은 물범이 발견되기 시작했습니다. 처음에는 별거 아니라고 생각했어요. 하지만 물범의 사체는 갈수록 늘어났고 330마리에 이르렀죠.

과학자들이 사체를 부검한 결과, 죽음의 원인은 '조류 인플루엔자'였어요. 새가 걸리는 독감에 물범이 걸린 것이었죠. 간단한 문제가 아니었습니다. 조류 인플루엔자가 새를 넘어 다른 종으로 진격 중이라는 사실이었으니까요.

심상치 않은 징조가 이어지고 있습니다. 원래 각각의 바이러스가 감염시키는 종은 따로 있습니다. 하지만 바이러

2023년 아르헨티나 발데즈반도에서 조류 인플루엔자로 인한 코끼리물범의 대량 폐사가 발생했다.

스에 변이가 일어나 때로는 다른 종을 감염시키기도 하지요. 이것을 '스필오버(Spillover)'라고 부릅니다. 여우와 수달, 돌고래, 양, 밍크 등 다양한 종에서 조류 인플루엔자의 감염 능력이 확인됐습니다. 미국에서는 젖소가 조류 인플루엔자에 감염돼 죽는 사례가 발견됐고, 소젖을 짜는 착유 과정에서 바이러스가 사람으로 옮겨 가기도 했습니다. 다행히 큰 피해는 없었지만요.

조류 인플루엔자 바이러스는 적도를 건너가 남반구의 동물에도 마수를 뻗쳤습니다. 2023년 아르헨티나 발데즈반도

의 해안가에는 파도에 떠밀려 온 코끼리물범의 사체가 발견됐습니다.[23] 이 지역은 코끼리물범이 새끼를 낳아 기르는 핵심 번식지였죠. 여기저기서 사체가 떠올랐습니다. 대부분은 다 자라지 않은 연약한 새끼였죠. 과학자들은 2022년에 출생한 약 1만 8000마리 중에서 1만 7400마리 이상이 죽은 것으로 추정했습니다. 새들이 퍼뜨린 배설물을 타고 바이러스가 스필오버를 통해 물범으로 진입한 것 같았어요.

사람은 어떨까요? 조류 인플루엔자 가운데 가장 인체 감염 횟수가 많은 H5N1형의 경우 2003년부터 2025년 5월까지 모두 976건의 인체 감염 사례가 있었습니다.[24] 이 가운데 470명이 숨져 사망률은 48퍼센트에 이릅니다. 코로나19의 사망률 0.6퍼센트, 계절성 독감의 사망률 0.1퍼센트, 신종 플루의 사망률 1퍼센트를 훨씬 웃도는 수치지요. 다만, 조류 인플루엔자의 사람 전파는 흔한 일이 아닙니다. 사람 간 전파 능력을 획득하지도 못했고요. 생각해 보세요. 조류 인플루엔자의 인체 감염 사망률이 아주 높죠? 사망률이 높다는 얘기는 바이러스의 전파가 제한적이라는 얘기입니다. 바이러스가 새로운 숙주로 옮겨 가기도 전에 숙주가 죽기 때문

　　　　　　　　7장 닭으로 흥한 자, 닭으로 망하리라

이죠. 숙주가 없으면 바이러스는 살지 못하니까요.

하지만 안심할 수는 없습니다. 감염병 분야에서 최고로 권위 있는 기관인 미국 질병통제예방센터(CDC)의 로버트 레드필드 전 국장은 "인체 감염 가능한 고병원성 조류 인플루엔자가 대유행하는 것은 시간문제"라고 밝혔습니다.[25] 그리고 "'일어날 것인가 말 것인가'의 문제가 아니라 '언제 일어나느냐'의 문제"라며 "아마도 25퍼센트에서 50퍼센트 사이의 사망률을 보일 것"이라고 경고했습니다.

닭은 이미 조류 인플루엔자로 고난의 세월을 보내고 있습니다. 한국에서는 조류 인플루엔자가 발생할 때마다 주변 가금류 농장의 산란계와 육계, 오리를 살처분합니다. 2016~2017년에 역대 최악의 유행으로 3312만 마리가 살처분됐습니다. 2020~2021년에는 1990만 마리가 세상을 떴죠. 전체 가금류를 대상으로 한 통계인데, 살처분된 개체의 거의 대다수가 닭입니다.

왜 이렇게 많은 수의 닭을 죽인 거냐고요? 주변에 조류 인플루엔자에 걸린 닭이 나타나면, 3킬로미터 이내 농장에 사는 닭의 신분은 '하나의 생명'에서 '감염병 전파자'로 바뀌

거든요. 법률에 따라 감염병 확산을 방지하기 위해 대규모로 살처분합니다. 감염될 수 있는 ‘숙주’를 미리 없앰으로써 바이러스의 전파를 막는 겁니다.

2000년대 이후로 조류 인플루엔자는 잠잠해졌다가도 전국의 닭 농장을 덮치는 일이 빈번했습니다. 몇 년에 한 번씩 대량 살처분이 이어지고 있어요. 조류 인플루엔자는 어디에 숨었다가 우리를 기습하는 걸까요?

과학자들은 철새와 닭 그리고 인간으로 이어진 관계망에 주목합니다. 야생 철새 무리는 조류 인플루엔자에 비교적 강합니다. 야생에서 살기 때문에 면역력이 강하고 바이러스가 퍼지면 피하면 되니까요.

일반적으로 북반구의 철새는 겨울에 한반도와 일본, 유럽, 미국 등 중위도의 따뜻한 곳에 머물다가 여름에는 시원한 시베리아와 북극 등 고위도의 호수 지역으로 올라가 번식합니다. 번식지에는 다양한 지역에서 올라온 철새들이 모여 있어요. 많은 종, 많은 개체 수의 철새들이 모이면 어떻게 될까요? 조류 인플루엔자 바이러스는 다른 숙주로 넘어갑니다. 그리고 철새들은 겨울이 되면 바이러스를 싣고 다

     7장 닭으로 흥한 자, 닭으로 망하리라

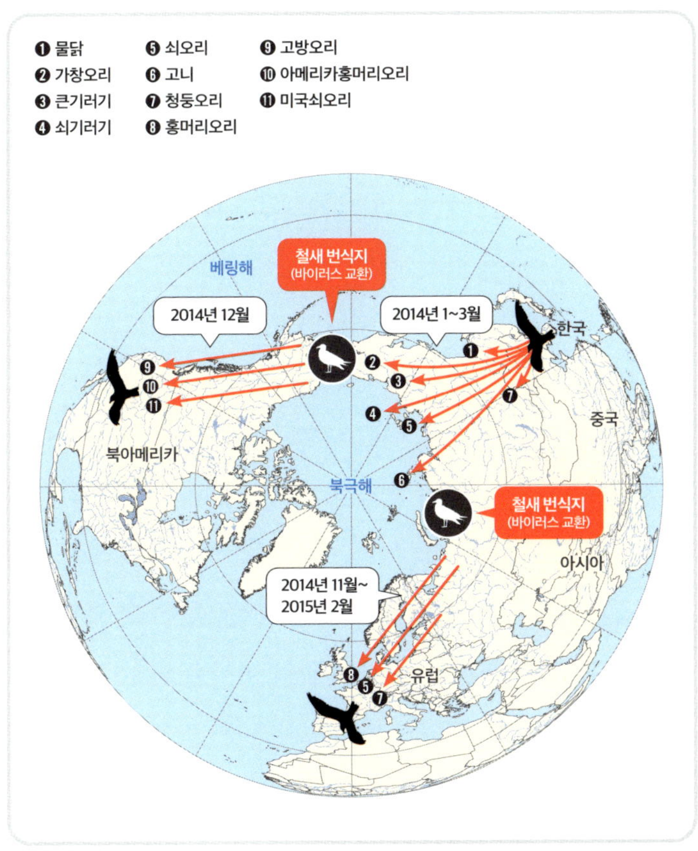

2014년 북반구에서 유행한 조류 인플루엔자(H5N8)의 확산 경로. 한국에서 발생한 조류 인플루엔자가 철새의 몸을 따라 북극의 번식지로 간 뒤, 다른 철새의 몸으로 갈아타고 각각 유럽과 미국으로 퍼졌다.

시 전 세계로 흩어지죠.

이렇게 조류 인플루엔자 바이러스는 '철새들의 고속 도로'를 타고 이동합니다.[26] 시베리아와 아북극의 번식지는 '바이러스의 환승 터미널'인 셈이고요. 과학자들은 2010년대 들어서야 이 사실을 깨달았어요. 그 뒤 과학자들은 매년 여름마다 철새들을 따라 시베리아와 북극의 번식지에 가서 분변을 채취하고 바이러스를 검사합니다. 바이러스가 검출된 새가 많은지 적은지, 어떤 유형의 바이러스가 검출되는지를 본 뒤, 그해 세계의 조류 인플루엔자 유행 양상을 예측하죠.

문제는 바이러스의 이동 루트에 시한폭탄이 존재한다는 것입니다. 아까 말했죠? 공장식 축산 농장은 바이러스에 최고로 좋은 환경이라고요. 철새에 실려 온 조류 인플루엔자 바이러스는 사람 몸에 실려 양계 농장에 진입합니다. 경우의 수는 다양해요. 철새의 배설물에 있던 바이러스가 양계 농장으로 가는 사료 운반 트럭의 바퀴를 타고 들어갈 수도 있죠. 그때부터 바이러스에게는 광활한 숙주의 세계가 펼쳐집니다. 자기 복제를 하면서 새로운 변이를 만들겠죠. 그리

    7장 닭으로 흥한 자, 닭으로 망하리라

고 그 변이가 철새들을 통해 세계로 전파됩니다. 그런데 만약 그 변이가 인간이 감염되기 쉽고 치명적인 것이라면요? 코로나19 사태보다 끔찍한 악몽이 펼쳐질 수 있습니다. 우리는 생각해야 합니다. 닭이 아프면 인간도 아플 수 있다는 점을요.

8장

기후 위기와 동물권 딜레마

이번에는 조금 복잡하고 어려운 이야기입니다. '닭과 기후 위기'에 대한 이야기인데, 우리가 살고 있는 지구와 닭들 사이에 벌어지고 있는 놀라운 일이죠.

세계적인 과학자들이 모인 기후변화정부간패널(IPCC)이라는 유엔 산하 조직이 있습니다. 기후 변화에 관한 가장 권위 있는 보고서를 내는 곳이죠. IPCC는 2023년 펴낸 제6차 보고서에서 1850~1900년 평균에 비해 최근 10년(2011~2020년)간의 지구 평균 기온이 1.1도 올랐다고 밝혔습니다. 인간이 석탄, 가스 같은 화석 연료를 마구 사용하여 온실가스를 내뿜었기 때문입니다. 지구의 온도계는 2015년

　8장 기후 위기와 동물권 딜레마

에 세계 각국이 프랑스 파리에 모여 '지구 평균 기온 상승치를 1.5도 내에서 막자'고 약속한 '파리 협정'의 한계선을 향해 치닫고 있어요.

이미 한 해 기준으로 보면 1.5도를 넘었어요. 세계기상기구(WMO)는 2024년 한 해의 지구 평균 기온이 1850~1900년 평균에 비해 1.55도 올랐다고 밝혔어요. 완전히 다른 세상이 펼쳐지고 있는 거죠.

여름마다 벌어지는 비극

그런데 이 뜨거워진 지구에서 가장 많이 고통받는 건 누구일까요? 바로 닭들이에요. 우리나라 통계를 보면 정말 충격적이죠. 2025년 여름, 역대급 폭염이 몰아치면서 5월 20일부터 9월 6일까지 187만 마리의 가축이 죽었어요. 이 중에서 닭과 오리 같은 가금류가 173만 마리로 거의 대부분을 차지했습니다.

더 심각했던 건 2018년이었어요. 그해 여름에 폭염으로 죽은 닭이 812만 마리였습니다. 양계장 지붕 위에 찬물을 뿌

려도 소용없었어요. 상상해 보세요. A4 용지 한 장만 한 공간에 갇힌 채로 더위를 견디지 못하고 쓰러지는 닭들을……. 저는 기후 변화의 최대 희생자는 닭이라고 생각합니다.

닭의 몸에는 땀샘이 없고 피부는 두꺼운 깃털로 덮여 있어요. 이러한 이유 때문에 다른 가축에 비해 체온 조절 기능이 현저히 떨어지죠. 그렇다고 해서 매년 여름마다 닭들이 이렇게 죽어 나가지는 않았어요. 과거에는 불볕더위가 지금처럼 드세지 않기도 했지만, 그때만 해도 닭에게는 더우면 피할 곳이 있었기 때문이었어요. 가축을 밀집 사육하는, 이른바 '공장식 축산' 농장이 많지 않았을 때죠.

지금은 작고한 유명한 경제학자이자 작가인 신영복 선생이 이런 말을 남겼어요. 좁은 잠자리에서 칼잠을 자는 감옥에서는 옆 사람 체온으로 추위를 버틸 수 있는 겨울보다 옆 사람을 그저 37도의 열덩어리로 증오할 수밖에 없는 여름이야말로 힘든 계절이라고. 닭에게도 여름은 악마의 계절입니다. 좁은 공간에 많은 닭들을 몰아서 키우기 때문에 닭들은 속수무책으로 죽어 나가요.

우리는 무엇을 할 수 있을까요? 과학자들이 계속 말하는

케이지 밖에서 닭들은 덜 가혹한 여름을 보낼 수 있다.

게 있어요. '고기 섭취를 줄이자'는 것입니다. IPCC 보고서도 "우리가 먹는 고기 양을 줄이면 줄일수록 대기에 배출되는 온실가스도 줄어든다."라고 말하죠.

왜 그럴까요? 축산업에서 나오는 온실가스가 전 지구 온실가스 배출량의 12퍼센트나 되기 때문이에요.[27] 왜 이렇게 많냐고요? 고기가 어떻게 만들어지는지 생각해 보세요. 고기를 만들려면 가축을 키워야겠죠? 가축에게 사료를 먹여야 하고요.

그러려면 옥수수나 콩 같은 작물을 키워야 해요. 농경지가 있어야 하겠죠? 브라질 아마존강 근처에서는 가축 사료를 생산하기 위해 숲을 베어 내고 농경지를 만드는 바람에 문제가 되고 있어요. 숲이 광합성 작용을 통해 흡수하는 만큼의 이산화탄소(온실가스)를 손해 보는 거예요.

자, 이제 사료로 쓸 옥수수나 콩 같은 작물을 재배하는 장면을 상상해 봐요. 유기농 재배가 아니라면, 화학 비료를 쓰겠죠? 그런데 화학 비료를 만들려면 화석 연료를 가열하여 400도 이상을 만들어야 하기 때문에 온실가스가 발생합니다. 그렇게 해서 얻은 화학 비료를 땅에 뿌리면, 아산화질소라는 온실가스가 또 배출되고요.

각종 조명과 선풍기와 히터를 쓰는 농장, 도축해서 얻은 고기를 원료로 먹을거리를 만드는 식품 가공 공장도 에너지를 씁니다. 안타깝게도 세계 전기의 60퍼센트는 석탄, 가스 같은 화석 연료로 만들어지거든요. 온실가스가 나오겠죠? 동물을 운송하고 식품을 슈퍼마켓에 배송하는 자동차가 쓰는 휘발유는 또 어떻고요?

이 중에는 동물이 직접 배출하는 온실가스도 포함되어 있어요. 소와 돼지, 닭이 싸는 똥에서 나오는 메탄가스도 기후를 변화시키는 온실가스랍니다. 소가 하는 트림과 방귀에서도 온실가스가 나와요. 소나 양, 사슴 같은 반추 동물은 거친 풀을 소화하는 특별한 능력이 있는데, 바로 위장에 있는 미생물이 그 역할을 담당하면서 메탄을 생성합니다. 메탄은 소가 트림하면서 대기로 배출되고 온실 효과를 불러오죠.

소의 트림과 방귀를 우습게만 생각하면 안 돼요. 이렇게 배출되는 메탄 양이 엄청나게 많거든요. 축산업에서 배출하는 온실가스 배출량 중 소가 배출하는 온실가스가 62퍼센트를 차지할 정도죠. 반면 돼지는 13.6퍼센트, 닭은 9.2퍼센트밖에 되질 않고요. 소고기 섭취량이 닭고기나 돼지고기보다 많아서가 아니에요. 소의 생물학적 특성 때문입니다.

자, 그럼, 기후 변화를 막기 위해서는 어떤 고기부터 먹지 말아야 할까요? 맞아요. 소고기죠. 반면, 기후 변화에 가장 영향을 적게 미치는 고기는 무엇일까요? 바로 닭고기예요.

요즘 '플렉시테리언(Flexitarian)'이라는 사람들이 늘어나고 있어요. '유연한(Flexible)'과 '채식주의자(Vegetarian)'를 합친 말로, 기본적으로는 채식을 하되 가끔 고기를 먹는 사람

들이죠. 이들 중 일부는 기후 변화를 줄이기 위해 고기를 먹을 바엔 닭고기를 먹자고 해요. 스스로를 '치킨테리언'이라고 부르는 이들도 있지요. 주장은 간단해요.

"소고기 대신 닭고기에서 단백질을 섭취하자!"

실제로 닭고기 1킬로그램당 온실가스 배출량은 6.9킬로그램(이산화탄소 환산량)으로 소고기의 4분의 1 정도밖에 안되거든요.

기후 대응과 동물권의 딜레마

하지만 여기에는 함정이 있어요. 소고기를 닭고기로 바꾸면 탄소 발자국은 80퍼센트 줄일 수 있어요. 하지만 같은 양의 고기를 얻으려면 소보다 200배 많은 닭을 죽여야 하지요. 간단한 계산이에요. 소 한 마리에서는 600~800킬로그램의 고기가 나오지만, 닭 한 마리는 기껏해야 1킬로그램으로 1~2인분의 고기밖에 안 나오니까요. 게다가 우리나라에서는 일인 가구가 많아지면서 닭이 점차 작아지고 있어요.

어떤 사람이 1년에 80킬로그램의 고기를 먹는다고 해 봅시다. 이걸 다 닭고기로 먹으려면 80마리의 닭을 죽여야 해요. 소고기로는 소 한 마리도 안 되는 양인데 말이죠. 즉, 소고기 대신 닭고기를 먹으면 온실가스 배출량은 그만큼 줄어들겠지만, 80마리의 생명을 더 죽여야 하는 셈이죠.

더 슬픈 건, 전 세계 닭들의 상당수가 공장식 농장에서 산다는 사실입니다. 반면, 소들은 적어도 일부분이라도 들판에서 풀을 뜯으며 살아가요. 호주나 뉴질랜드의 소들은 방목하는 게 일반적이죠. 평균적으로 보면 소들이 닭들보다 더 나은 삶을 사는 거예요.

여기서 우리는 정말 어려운 선택을 해야 합니다. 기후 변화를 막으려면, 탄소 배출량이 훨씬 적은 닭고기를 먹어야 합니다. 하지만 수십 배 더 많은 생명이 죽어야 해요. 반면 동물권을 생각한다면, 소고기를 먹는 게 더 나을 수 있어요. 피해를 보는 생명이 적으니까요. 하지만 지구 온난화는 더 심해지겠죠. 저는 이런 상황을 '기후 대응과 생명권의 충돌'이라고 불러요. 대안은 없을까요?

이 주제를 생각하면서 깨달은 게 있어요. 세상은 정말 복잡하다는 거예요. 많은 사람이 기후 변화를 줄이기 위해 소

고기를 먹지 말자고 했어요. 하지만 지옥으로 가는 길이 때로는 수많은 선의로 채워져 있을 수도 있어요. 우리가 착한 일을 하려고 해도, 한쪽을 도우면 다른 쪽에 피해가 갈 수 있는 거죠.

케이지에서 키운 닭과 방목으로 키운 닭을 비교해도 마찬가지입니다. 케이지 사육은 환경에는 좋지만 닭에게는 지옥이고, 방목 사육은 닭에게는 좋지만 탄소 배출이 더 많아요. 하나의 해답으로 모든 걸 해결할 수 없다는 걸 인정해야 합니다. 그만큼 세상은 복잡하죠.

그럼 정말 답이 없을까요? 그렇지는 않아요. 우리가 할 수 있는 것부터 차근차근 하면 되죠.

우선은 소고기이든, 닭고기이든 전체적으로 고기 소비량을 줄여야겠죠? 고기를 먹을 때는 동물 복지 인증을 받은 제품을 선택하고요. 가끔은 콩이나 두부 같은 식물성 단백질을 먹어 보는 것은 어떨까요?

사회적으로도 해야 할 일이 있어요. 농장은 재생 에너지를 사용하고, 과학자들은 콩 같은 식물로 맛 좋은 고기를 만드는 연구를 해야겠지요. 기후와 환경에도 좋고 동물 삶의 질을 떨어뜨리지 않는 사육 방법을 개발하는 데 힘을 쏟아야 합니다. 일부 농장은 환경에 미치는 영향도 적고 동물 복지 수준도 높아요. 이런 사례들을 더 연구해서 다른 곳에서도 배울 수 있도록 해야 합니다.

정부는 폭염으로 죽어 가는 생명을 줄이기 위해 노력하면 좋겠습니다. 폭염에 취약한 축사를 개선하는 데 정부가 이미 많은 지원을 하고 있는데요, 농장에 에어컨이나 환기 시설을 늘리는 것은 결국 에너지를 쓰는 일이에요. 그보다 좋은 개선 방법은 가축들이 더위에도 견딜 수 있는 좀 더 넓고 안락한 환경을 만들어 주는 것입니다. 안타깝게도 국내에 '동물 복지 인증'을 받은 농장은 아주 적습니다. 2023년 조사 결과, 전체 가축 사육 두수 대비 동물 복지 인증 농장에서 사는 비중은 육계 12.2퍼센트, 산란계 6.9퍼센트, 돼지 0.9퍼센트, 젖소 1.1퍼센트, 한우 0.02퍼센트 등 바닥을 깁니다.[28] 정부가 고기 소비를 줄이고 채식을 장려하는 데 좀 더 많은 돈과 시간을 썼으면 좋겠어요.

기후 대응과 생명권의 충돌……. 완벽한 답이 없을 수도 있어요. 하지만 이런 딜레마가 있다는 걸 알고, 우리가 선택

할 때 그 결과를 생각해 보는 게 중요합니다. 언젠가는 지구도 살리고 동물들도 행복하게 할 수 있는 방법을 찾을 겁니다. 바로 여러분이 그 해답을 갖고 있을지도 몰라요.

9장

'더 나은 닭'과 동물 복지

영국에 살 적이었어요. 달걀을 사러 슈퍼마켓에 갔죠. 동물 복지란을 사려고 마음을 먹었는데, 진열대에 '동물 복지'라고 안내하는 곳이 없었어요. 다른 슈퍼마켓도 마찬가지였고요. 이상하다 싶어서 달걀 포장지를 자세히 뜯어보니, '동물 복지'라고 작게 적혀 있는 거 아니겠어요? 옆에 진열된 브랜드는 '자유 방목(Free range)'이라고 쓰여 있었어요. 판매하고 있는 모든 달걀이 동물 복지, 자연 방사(자유 방목) 달걀이었어요. 오히려 일반란을 찾기가 힘들었죠.

동물 단체 컴페션인월드파밍(Compassion in World Farming)은 매년 '달걀 보고서'를 출판합니다.[29] 2024년 보고서에서

9장 '더 나은 닭'과 동물 복지

영국은 동물 복지란과 자연 방사란이 시장의 77퍼센트를 차지했다고 밝혔어요. 케이지에 갇혀 사는 공장 닭이 생산한 달걀은 대부분 가공식품 공장으로 공급됐어요. 즉, 소비자가 직접 구매하는 슈퍼마켓에서는 동물 복지란과 자연 방사란이 대다수라는 얘기죠. 영국의 대표적인 슈퍼 체인 웨이트로즈는 2001년부터 케이지에서 갇혀 사는 닭이 낳은 계란을 팔지 않고 있어요. 슈퍼 체인이 동물 복지란과 자연 방사란 중심의 판매 정책을 도입했기 때문에 소비자 입장에서 일반란을 사는 게 쉽지 않습니다.

일리 있는 계란만 팝니다

알 낳는 닭, 즉 산란계가 겪는 고통은 사육 시설과 사육 방식에서 비롯됩니다. 움직이지 못할 정도로 작은 케이지 안에서 평생을 살고, 그나마 알 낳는 빈도가 줄어들면 억지로 굶기는 강제 환우를 겪어야 합니다. 그렇게 1년 반을 살다가 알 낳는 능력이 떨어지면 도축장으로 옮겨져 생을 마감하죠.

이렇게 불행한 닭이 낳는 계란을 먹는 게 옳을까요? 동물 단체는 그렇지 않다고 보고 '케이지 프리(Cage free)'를 요구했어요. 적어도 감옥 같은 케이지에 평생 갇혀 살도록 하는 일은 옳지 않다고 했죠.

말하자면 이런 요구였어요. '닭을 가두는 감옥 케이지를 치워라! 닭이 이곳저곳 돌아다니고 횃대 위에도 올라갈 수 있도록!'

이들은 소비자가 직접 찾는 슈퍼마켓과 패스트푸드 체인에 케이지 프리 선언을 하라고 압력을 넣었습니다. 여러 나라의 단체가 모여서 시위를 하고 케이지 프리를 선언한 기업을 발표하며 공개적으로 칭찬하기도 했죠.

2000년대부터 벌어진 이 운동에 기업과 정부가 화답하기 시작했습니다. 유럽 연합은 2012년부터 배터리 케이지 사육을 금지했습니다. 영국뿐만 아니라 프랑스도 이미 시장에서 유통되는 70퍼센트가 케이지 프리 계란입니다. 이탈리아는 66퍼센트의 점유율을 보이고 있고요. 한 경제 관련 보고서는 이를 두고 케이지로부터의 '위대한 탈출'이라고 불렀죠.

우리나라는 어떨까요? 아직 암탉 삶의 질이 향상되기에

유럽 5개국의 닭 사육 환경 비교

는 갈 길이 멉니다. 2023년 기준으로 한국에서 동물 복지란과 자연 방사란을 생산하는 동물 복지 인증을 받은 농장은 241곳으로 전체 농장의 25.5퍼센트입니다. 사육 두수를 기준으로 하면, 동물 복지 인증 농장에 사는 산란계는 532만 마리로 전체 사육 두수의 6.1퍼센트밖에 되지 않습니다.[30]

한국 사람들은 하루에 약 4500만 개의 계란을 먹어요. 한 사람이 하루에 거의 하나씩 먹는 셈이죠. 슈퍼마켓에 가서 달걀 한 알을 집어 보세요. 계란 표면에 숫자와 문자가 적혔을 거예요. 네 자리 숫자의 '산란일', 다섯 자리 숫자·문자의 '생산 농가 번호' 뒤에는 한 자리 숫자의 '사육 환경 번호'가 찍혀 있어요. 바로 마지막 숫자가 계란을 낳은 닭이 어떠

달걀에 적힌 숫자의 의미

한 환경에 살고 있는지 보여 줍니다.

1번은 암탉이 밖에서 자유롭게 돌아다닐 수 있는 환경에서 생산된 '자연 방사란'입니다. 2번은 암탉이 실내의 케이지가 아닌 평사에서 활동하며 알을 낳은 것으로 '동물 복지란'에 해당하고요. 평사 방식은 닭이 넓은 실내 공간에서 흙이나 짚 위를 자유롭게 돌아다니게 하는 사육 방식이에요. 닭의 삶의 질을 생각한다면, 1번이 금상첨화겠지만 최소한 2번 달걀을 구입하는 게 좋아요.

동물 복지란 인증 농장의 경우 닭에게 극심한 고통을 주는 강제 환우가 금지됩니다. 닭이 실내에 갇혀 있긴 하지만

9장 '더 나은 닭'과 동물 복지

적어도 돌아다닐 수는 있지요. 닭에 알을 낳을 수 있는 산란 장소, 닭이 올라가 앉을 수 있는 횃대 또한 제공해야 하고요. 닭이 최소한의 본능을 발휘하도록 하는 겁니다.

반면, 3번과 4번 달걀은 좋지 않아요. 3, 4번은 닭 여러 마리를 넣은 케이지를 층층이 배치한 다단식 닭장인 배터리 케이지에서 생산된 계란이에요. 4번 계란을 낳은 닭은 한 마리당 0.05제곱미터의 면적, 즉, 가로와 세로 각각 22.36센티미터의 공간에서 평생 삽니다. 3번은 이보다 절반 넓은 면적(0.075제곱미터)에서 살지만, 케이지에서 갇혀 사는 것은 마찬가지예요. A4 용지의 면적이 0.062제곱미터예요. 4번 계란을 낳은 닭은 A4 용지 한 장도 되지 않는 공간에서 평생 사는 거죠. 3번 계란을 낳은 닭이 사는 공간도 '도토리 키 재기'라는 생각이 드는군요.

'프랑켄치킨'을 넘어라

미국 동물학대방지연합(ASPCA)은 매년 동물 복지를 향상하는 연구 계획을 뽑아 지원금을 줍니다. 2025년에는 농장

동물에 관한 주제가 인상적이었어요. '현대 관행농에서 쓰는 육계 품종에서 벗어나 삶의 질이 높은 대안적인 육계 품종으로의 전환을 위한 연구'를 공모했거든요.

앞서 말했듯이 고기로 만들어지는 현대 육계 품종은 20세기 중반 '내일의 닭' 경연 대회에서 뽑힌 닭들의 후예입니다. 현대 육계는 지나친 형질 전환 탓에 고통이 곧 일상인 삶을 살아가고 있어요. 마치 프랑켄슈타인처럼요.

영국 작가 메리 셸리가 1818년에 발표한 소설 『프랑켄슈타인, 또는 현대의 프로메테우스』는 새로운 생명을 창조하려는 인간의 야망과 그 비극적 결과를 다룬 작품이에요.

자연 철학과 화학에 심취한 제네바 명문가 출신의 빅토르 프랑켄슈타인은 인골과 사체를 수집해 2.4미터의 거대한 생물체를 조립해요. 마지막으로 번개와 전류를 이용해 생명을 불어넣는 데 성공하죠. 하지만 새 생명은 흉측한 외모의 괴물처럼 보였어요. 프랑켄슈타인은 괴물의 모습에 질겁해 피신합니다. 괴물은 다시 인간에게 다가가려 하지만 매번 폭력적으로 쫓겨나게 됩니다. 그러면서 자신의 창조주를 증오합니다. 빅토르를 만난 괴물은 '내가 행복할 권리를 달라'

며, 외딴 땅에서 살겠으니, 함께 살 여성 동료를 만들어 달라고 합니다.

인간이 만든 닭의 심정이 바로 괴물의 심정이 아니었을까요? 자연의 모습을 벗어난 비정상적이고 흉측한 닭. 그래서 현대 육계를 '프랑켄치킨'이라고도 불러요. 미국 동물학대방지연합의 연구 제안은 인간의 욕심을 위해 더는 프랑켄치킨을 사육하지 말고, 고통을 덜 느끼는 다른 품종으로 전환하자는 거였죠.

인간과 닭의 관계를 온전히 되돌리기 위한 노력은 사육 환경과 사육 방식 개선에 무게를 두어 왔어요. 산란계를 케이지에서 꺼내 실내의 평사나 마당과 숲을 돌아다니도록 하고, 강제 환우와 부리 자르기 같은 고통을 주는 관행을 퇴출하기 시작한 거죠.

이번에는 육계 차례예요. 육계는 산란계와 달리 케이지 안에서 살지 않아요. 육계의 가장 큰 문제는 '고속 성장 품종' 그 자체예요. 무려 한 달 만에 1.4킬로그램으로 크고, 두 달이면 4.2킬로그램이 되죠. 1950년대 이후 성장 속도가 4배 빨라졌어요. 쉽게 말해 고속 성장 유전자 스위치가 켜진 프

랑켄슈타인 치킨이 된 거예요. 사실 거의 다른 종이 되었다고 해도 무방할 정도입니다. 이러한 변화는 자연에서라면 수백수천 년 걸릴 일인데, 인간에 의해 단 70년 만에 일어났답니다.

성장 속도만이 아닙니다. 현대의 육계는 가슴이 비정상적으로 커졌고, 제대로 뛰지도 못하고, 사뿐히 날지도 못해요. 뼈가 성장하기 전에 빨리 불어난 몸무게 탓에 다리가 기형이 되거나 골다공증 같은 각종 근골격계 질환에 시달립니다. 장기 부전, 심장마비 등 심각한 질환에 잘 걸리고요. 이런 닭이 지난 70년 동안 전 세계에 퍼졌어요. 기존에 기르던 닭 품종은 거의 사라져 버렸고요. 지난 70년 동안 세계 대부분 지역에서 전통적인 농장이 사라지고 공장식 양계장으로 대체되었기 때문이에요. 공장식 축산을 통해 나온 닭고기는 엄청나게 저렴했고, 전통적인 방식으로 기른 닭은 상대적으로 비싸게 느껴졌습니다. 사람들이 전통적인 방식으로 기른 닭을 많이 찾지 않다 보니, 이를 키우는 농가도 사라지고, 품종은 멸종에 다다른 거예요.

어떻게 해야 할까요? 관건은 다시 '느리게 크는 닭'을 보

급하는 거예요. 다수의 비영리 단체가 참가한 세계동물파트너십(Global Animal Partnership)은 '더 나은 닭 프로젝트(Better Chicken Project)'를 추진하고 있어요. 초고속 성장 육계 대신에 닭의 건강을 생각한 우수한 대안 품종을 발굴·개발하는 거예요. 대안 품종이란 곧 느리게 크는 닭이고요. 아니, 정상적인 속도로 크는 닭이죠.

이 프로젝트는 이러한 대안 품종 사육과 함께 동물 복지를 고려한 사육 환경과 방식 등 다수의 조건을 정해 두었어요. 이를 충족한 농장의 닭을 '더 나은 닭'으로 인증하고 있지요. 대안 품종의 경우, 2023년 기준 11종이 통과했다고 해요.

세계 여러 대학 연구 팀과 농장들이 느리게 자라는 닭 품종을 개발하고 있어요. 레인저 클래식(Ranger Classic), JA757, 레드브로(Redbro) 품종이 나왔고요. 전통 품종인 델라웨어(Delaware), 바드 플리머스 록(Barred Plymouth Rock), 로드아일랜드 레드(Rhode Island Red) 등도 연구하고 있습니다.

이런 닭들은 다리 문제, 심장병 등 질병이 적고, 깃털 관리, 움직임, 채집 행동 등 자연스러운 행동을 훨씬 더 많이 해요. 최소한 56~81일 정도 지나야 도축할 수 있죠.

사실 이런 닭이 아예 사라진 건 아니에요. 아시아와 남아메리카의 개발 도상국 농촌에 가면 전통적인 모습으로 생활하는 시골 닭이 많습니다. 그렇다면 선진국의 닭들은 모두 공장 닭으로 바뀌었을까요? 아닙니다. 대표적인 예외가 있어요. 바로 농업 선진국인 프랑스예요. 프랑스는 동물 복지를 존중하고 전통적인 생산 원칙에 충실한 유기농 농축산물에 '라벨루즈(Label Rouge)'를 인증해 줍니다. 국가가 인증하는 빨간색 친환경 마크예요.

라벨루즈 닭은 전통적인 방목 방식으로 사육됩니다. 라벨루즈 인증을 받은 농장에서는 닭에 깃털이 다 나면 바로 숲과 풀밭으로 방목해요. 이렇게 제 본능을 발산하며 자란 라벨루즈 닭은 최소 두 달 반에서 네 달 이후에 출하됩니다. 한국에서 치킨으로 만들어지는 닭이 태어난 지 불과 한 달도 안 되어 도축되는 것과 큰 차이가 납니다. 물론 성장 촉진제나 항생제도 주지 않아 사람 건강에도 안전하고요.

　프랑스 가금류 생산량 중 약 15퍼센트가 라벨루즈 인증 마크를 달고 있습니다.[31] 적지 않은 시장 점유율이에요. 유기농과 자연 방사 닭을 합친 것은 절반에 가깝고, 케이지 안에서 사육하지 않고 넓은 실내 공간에서 자유롭게 돌아다니도록 하는 평사 사육까지 합치면 70퍼센트에 이르죠. 공장식 축산에서 벗어나는 게 결코 불가능하지 않다는 걸 프랑스의 사례가 보여 줍니다.

플로리다의 길 닭이 가르쳐 준 것

'꼬끼오.'

미국령 괌으로 여름휴가를 갔을 때였습니다. 호텔 창밖에서 닭 우는 소리를 듣고 잠에서 깼습니다. 시내 한가운데 고층 빌딩으로 둘러싸인 곳에서 닭 울음소리라니? 이제 막 동이 트고 있었죠.

닭은 호텔 뒤 재활용 처리장에 있었습니다. 한 마리가 아니었어요. 수탉 하나와 암탉 여러 마리 그리고 병아리들이 모여 있었죠. 야생 닭처럼 무리를 이루고 있었어요. 닭 무리가 구구거리며 해변 산책을 나섰습니다.

시내에서도 닭을 보았어요. 자동차가 지나간 뒤, 노란 닭이 뒤뚱뒤뚱 길을 건넜습니다. 그늘이 드리운 주차장과 풀숲에선 꽤 많은 수가 돌아다녔고요. 한 음식점 출구에는 누가 내놓았는지 물이 담긴 그릇과 모이가 담긴 그릇이 나란히 놓여 있었죠. 한국에서 길고양이를 돌보는 장면과 비슷했어요. 이들은 영락없는 '길 닭'이었습니다.

때마침 한국에는 35도를 웃도는 폭염이 몰아치고 있었어요. 공장식 축산 농장에 빽빽이 갇힌 산란계가 하루 십만 마리씩 죽어 갈 때였죠. 괌에서는 달랐어요. 뜨거운 열기가 아스팔트를 녹이는 대낮에 길 닭은 소리 소문 없이 사라졌어요. 더위를 피해 풀숲에서 쉬다가 해가 질 녘에야 슬금슬금 기어 나왔죠. 수천 년 진화가 새긴 본능의 지혜로, 길 닭은 날씨에 맞춰 삶의 속도를 조절했습니다. 한국과 달리 더위서 죽는 닭은 없었어요.

그 뒤, 저는 여행할 때마다 길 닭(Feral chicken)을 찾아다녔습니다. 의외로 많은 곳에서 닭이 반야생의 삶을 살았습니다. 미국 하와이의 섬들, 플로리다주의 키웨스트는 물론 마이애미, 탬파 같은 대도시들까지! 마당에서 키운 닭이 거리에 나와 도시 생태계의 일원이 되어 있었어요. 이 시대 닭들

주차장에서 서성이는 괌의 길 닭들.

은 모두 공장식 축산 농장에 고립·통제되어 있을 거라고 생각했던 저는 적잖이 당혹스러웠어요. 자유롭게 뛰어다니는 닭을 보며 왠지 모를 청량감을 느꼈죠. 잃어버린 역사의 한 조각이 되살아난 듯했어요.

지난 반세기 이상 우리가 잊었던 관계를, 길 닭이 사람들과 맺고 있었습니다. 길 닭이 사는 곳에는 언제나 닭에게 모이와 물을 주는 사람들이 있었습니다. 우리는 길고양이를 돌보는 사람을 '캣 맘(Cat mom)'이라고 하죠. 이들을 '칙 맘(Chick mom)'이라고 부르면 어떨까요?

137

탬파의 다운타운인 이보시티를 갔습니다. 쿠바에서 온 이민자들이 옛날부터 모여 사는 곳인데, 길 닭이 많은 곳으로도 유명했습니다. 길 닭은 주말마다 열리는 벼룩시장을 기웃거렸어요. "뭐라도 하나 줘."라고 말하는 것처럼요. 허리케인이 오면 사람들은 길 닭을 안전한 곳에 모아 놨다가 풀어 준다고도 했습니다. 길 닭의 역사를 기록하고 역사의 상징으로 남기는 활동을 하는 '이보 치킨 소사이어티'라는 모임도 있었고요.

탬파의 길 닭은 다른 야생 조류와 마찬가지로 보호 대상이에요. 물론 길 닭을 둘러싼 논쟁이 없는 건 아닙니다. 도시 미관을 해치고 농작물을 파헤친다며 '솎아내기'를 주장하는 이들도 있어요. 괌에서도 길 닭은 야생 동물로 보호받는데, 2022년 포획 가능 종으로 지정하자는 주장으로 논란이 일었습니다.

영국 노퍽의 한 시골 마을에서도 길 닭을 붙잡아 안락사시키자는 주장이 나왔어요. 반면, '길 닭이 마을에 개성을 부여한다.'라며 이에 반대하는 사람들도 있었죠. 아마도 이들은 저와 비슷한 기억을 떠올렸을 거예요. 어릴 적 시골집

　　　　　　　　　　　　　　　　　　　　　　　

마당에서 보았던, 날개를 휘저어 동네 담장 위로 올라가곤
했던 수탉의 우아함을.

　사실 3600년 전 가축이 된 뒤부터 닭은 길거리 생활에 능
숙한 종이었습니다. 앞서 소개한 타이 반논왓은 최초의 닭
가축화 증거가 발견된 곳이죠. 우리의 생각과 달리 신석기
인들은 계란을 얻으려고 일부러 야생 닭을 데려와 길들이지
않았어요. 고고학적 증거는 반대 방향을 가리켜요. 숲에 살
던 야생 닭이 인간 마을에 들어와 음식물이나 벌레를 먹으
며 머물기 시작한 겁니다. 마을이 숲보다 안전하고 먹을 것
도 많았으니까요. 인간은 그런 닭을 애완용으로 가까이 두
거나 투계용으로 썼고, 대부분은 그냥 내버려뒀습니다. 계
란을 많이 낳는 닭으로 유전자가 바뀐 것은 그로부터 한참

뒤입니다.

그리고 새로운 지질 시대 인류세가 시작된 1950년대 들어, 닭은 상전벽해(桑田碧海)라 해도 틀리지 않을 만큼의 큰 변화를 맞닥뜨려요. 가능한 많은 알을 낳을 의무를 부여받은 암탉은 A4 용지 한 장 크기의 케이지에 갇혀 하루에 거의 한 알씩 계란을 낳았죠. 고기가 될 운명을 안고 태어난 병아리들은 각종 영양제와 항생제를 주입받은 뒤 비대한 가슴과 유리 젓가락 같은 다리를 지닌 채 한 달도 안 되어 도축장으로 실려 갔어요. 유전적 본능과 사회적 능력을 발휘할 수 없는 '가짜 닭'이 됐습니다.

기후 위기가 심해지면서 한국에서는 매년 여름 100만 마리 이상의 닭이 죽고 있어요. 저는 기후 변화의 최대 피해자는 다름 아닌 닭이라고 생각해요. 우리가 닭을 좁은 실내에 몰아넣고 본능에 반하는 방식으로 키웠기 때문이죠.

닭은 지금 '재앙'이라는 알을 품고 있어요. 항생제 남용으로 인해 닭의 몸에서 확산한 내성균은 현대 의학을 마비시킬 수도 있고, 공장식 양계장에서 변이를 일으킨 조류 인플루엔자 바이러스는 사람에게 치명적인 영향을 미칠 수 있죠.

이게 다 공장식 축산 때문이라고요? 맞습니다. 다만, 우리는 이미 많은 양의 닭고기와 계란을 소비하는 데 익숙해졌기 때문에, 공장식 축산을 하루아침에 폐지할 수는 없어요. 다만 각자의 환경에서 닭에게 좋은 일이 무엇인지 고민하고 결심해야 합니다. 동물 복지란을 구매하고 닭고기 소비를 줄이는 것부터 시작할 수 있습니다. 저는 앞으로 야구장에서만큼은 치킨을 먹지 않아야겠어요.

사회적으로 필요한 것은 닭의 다양성을 북돋는 일입니다. 적지 않은 사람이 마당 닭을 키우고 거리에서 길 닭을 마주치는 시간이 축적되어야 비로소 강고한 체제에 균열이 갈 수 있어요. 공장식 축산 품종이 아닌 다른 대안 품종이 자리를 잡은 프랑스의 사례를 눈여겨볼 필요가 있습니다.

탬파의 이보시티에서 한참을 걸었습니다. 길 닭은 사람이 다가와도 비켜 주지 않더군요. 장난기가 발동해 구구거리는 길 닭을 쫓아다녔습니다. 쫓기던 닭은 보란 듯이 공원 담장 위로 사뿐히 올라섰습니다. '닭 쫓던 개'가 된 저는 이 시대에 희귀한 경험을 해서 즐거웠어요. 내일의 닭은 어떤 모

습일까요? 내일의 인간은 또 어떤 모습일까요? 내일의 지구
는 어떤 모습일까요? 담장 위에서 나를 내려다보던 길 닭의
검은 눈동자에, 그 모든 질문의 답이 숨어 있는 것만 같았습
니다.

에필로그

주
—

1　「고물가에도 패스트푸드 배달 매출 고성장…상반기 23% 증가」, 『연합뉴스』 2024. 9. 19. (https://www.yna.co.kr/view/AKR20240913073800017).

2　「한국인, 한해 닭 '26마리' 먹는다…20년 만에 두배」, 『연합뉴스』 2024. 7. 21. (https://www.yna.co.kr/view/AKR20240720031700030).

3　「치킨체인 비비큐 1000호점 돌파」, 『매일경제』 1999. 10. 27. 17면.

4　「프렌차이즈 가맹점 늘어난다」, 『매일경제』 1999. 6. 26. 20면.

5　김태환 「KB 자영업 분석 보고서 ① 치킨집 현황 및 시장여건 분석」 KB금융지주경영연구소 2019. 6. 3.

6　Peters, Joris, Ophélie Lebrasseur, Evan K. Irving-Pease, Ptolemaios Dimitrios Paxinos, Julia Best, Riley Smallman, Cécile Callou et al. "The biocultural origins and dispersal of domestic chickens," *Proceedings of the National Academy of Sciences* Vol 119 No. 24 2022.

7　Wu, Meng Yue, Giovanni Forcina, Gabriel Weijie Low, Keren R. Sadanandan, Chyi Yin Gwee, Hein van Grouw, Shaoyuan Wu, Scott V. Edwards, Maude W. Baldwin, and Frank E. Rheindt, "Historic samples reveal loss of wild genotype through domestic chicken introgression during the Anthropocene," *PLoS Genetics* 2023. 1. 19.

8 "Why Chickens Need to Stop Breeding With Their Wild Cousins," *Smithsonian Magazine* 2023. 1. 19. (https://www.smithsonianmag.com/science-nature/asias-red-junglefowl-are-threatened-by-interbreeding-with-free-range-domestic-chickens-180981473/).

9 Md. Kabirul Islam Khan, Proggrayn Chakma, Shormin Aktar, Md. Moksedul Momin, "Morphometry, Growth and Egg Production Characteristics of Red Jungle Fowl and Non-descript Deshi Chicken of Bangladesh," *Asian Journal of Dairy and Food Research.* 2025. (doi 10.18805/ajdfr.DRF-449).

10 배형곤 「철기 삼국시대 한반도 닭(Gallus gallus domesticus)의 사육과 성격: 동물고고학적 접근」『호남고고학』 75호(2023) 128~156면.

11 이규보 「조유원이 전일의 시에 하답하여 찾아와 증정해 준 것에 차운하다」『동국이상국집』(1241). 한국고전종합DB(https://db.itkc.or.kr/) 참조.

12 Peters, C., Richter, K.K., Wilkin, S. et al. "Archaeological and molecular evidence for ancient chickens in Central Asia," *Nature Communications* 15-2697 2024. (https://doi.org/10.1038/s41467-024-46093-2).

13 "Why chickens probably crossed the Silk Road", *Popular Science* 2024. 4. 2. (https://www.popsci.com/science/chickens-silk-road/).

14 이희훈『닭의 세계』㈜현축 2015, 145면.

15 「예수를 만나다 (39) 닭울음 소리에 베드로가 통곡한 진짜 이유는?」『중앙일보』 2016. 12. 21. (https://www.joongang.co.kr/article/21025209).

16 "Character of the Day: The Delaware Housewife Who Invented the Modern Chicken Industry," 2020. 5. 28. Secrets of the Eastern Shore 홈페이지(https://www.secretsoftheeasternshore.com/character-cecile-steele/) 참조.

17 ㈜하림 홈페이지 소개(https://www.harim.com/main/?menu=75) 참조.

18 Bennett, Carys E., Richard Thomas, Mark Williams, Jan Zalasiewicz, Matt Edgeworth, Holly Miller, Ben Coles, Alison Foster, Emily J. Burton, and Upenyu Marume. "The broiler chicken as a signal of a human reconfigured biosphere." *Royal Society Open Science* Vol 5 No 12 2018.

19 O'Neill, Jim. *Tackling drug-resistant infections globally: final report and recommendations* 2016.

20 " 'Wonder Drug' Aureomycin Found to Spur Growth 50%; AUREOMYCIN FOUND GROWTH STIMULUS" *The New York Times* 1950. 4. 10. (https://www.nytimes.com/1950/04/10/archives/wonder-drug-aureomycin-found-to-spur-growth-50-aureomycin-found.html).

21 Van Boeckel, Thomas P., Charles Brower, Marius Gilbert, Bryan T. Grenfell, Simon A. Levin, Timothy P. Robinson, Aude Teillant, and Ramanan Laxminarayan. "Global trends in antimicrobial use in food animals," *Proceedings of the National Academy of Sciences* Vol 112 No. 18 2015.

22 Kim, Kwon-Rae, Gary Owens, Soon-Ik Kwon, Kyu-Ho So, Deog-Bae Lee, and Yong Sik Ok. "Occurrence and environmental fate of veterinary antibiotics in the terrestrial environment," *Water, Air, & Soil Pollution* Vol 214 2011, 163-174면.

23 Campagna, Claudio, Marcela Uhart, Valeria Falabella, Julieta Campagna, Victoria Zavattieri, Ralph ET Vanstreels, and Mirtha N. Lewis. "Cat-

astrophic mortality of southern elephant seals caused by H5N1 avian influenza," *Marine Mammal Science* Vol 40 No 1 2024.

24 World Health Organization. *Cumulative number of confrimed human cases for avian influenza(H5N1) reported to WHO, 2003-2025,* 2025 (https://cdn. who.int/media/docs/default-source/influenza/h5n1-human-case-cumulative-table/ cumulative-number-of-confirmed-human-cases-for-avian-influenza-a(h5n1)-report-ed-to-who—2003-2024764c52a9-15e4-49f6-b886-d706b9c549ed.pdf).

25 「'대유행' 시간문제라던데… '치명률 52%' 조류인플루엔자, 인류 위협할까」, 『조선일보』 2024. 6. 19. (https://m.health.chosun.com/svc/news_view. html?contid=2024061901954).

26 「'철새 고속도로' 올라탄 AI, '바이러스 행성' 되는 지구」, 『한겨레』 2019. 10. 19. (https://www.hani.co.kr/arti/society/environment/776098.html).

27 FAO 홈페이지 'GLEAM 3.0 Dashboard'(https://foodandagricultureorganiza-tion.shinyapps.io/GLEAMV3_Public/) 참조.

28 농림축산검역본부「2023년 동물복지 축산농장 인증 실태조사」 2024.

29 Compassion for World Farming 홈페이지의 'Eggtrack Europe, Eggtrack' (https://www.eggtrack.com/en/eggtrack-europe/) 참조.

30 농림축산검역본부「2023년 동물복지 축산농장 인증 실태조사」 2024.

31 "France's 'Label Rouge' scrapped by the European Commission? Beware of these misleading claims" *European Newsroom* 2023. 3. 7. (https://europe-annewsroom.com/frances-label-rouge-scrapped-by-the-european-commission-beware-of-these-misleading-claims/).

이미지 정보

23면   Subramanya C K(Wikimedia)

35면   Sam Ose, Olai Skjaervoy(Wikimedia)

43면   윌리엄 호가스의 그림을 바탕으로 한 작가 미상의 모작(Wikimedia)

46면   RAMESH R NAIR(Shutterstock)

57면   Zairon(Wikimedia)

64면   미국 국립문서기록관리청

67면   노스캐롤라이나주립대학교 도서관

101면   아르헨티나 야생동물보존협회

113면   William Edge(Shutterstock)

137면   남종영

발견의 첫걸음 13

치킨 행성의 비밀
닭으로 보는 오늘의 지구

초판 1쇄 발행 • 2026년 1월 9일

지은이 • 남종영
펴낸이 • 염종선
책임편집 • 이현선
조판 • 박아경
펴낸곳 • (주)창비
등록 • 1986년 8월 5일 제85호
주소 • 10881 경기도 파주시 회동길 184
전화 • 031-955-3333
팩스 • 영업 031-955-3399 편집 031-955-3400
홈페이지 • www.changbi.com
전자우편 • ya@changbi.com

ⓒ 남종영 2026
ISBN 978-89-364-5333-6 43410